건축

건축
르코르뷔지에의 정의

초판 1쇄 펴낸날 | 2011년 5월 30일

지은이 | 이관석
펴낸이 | 이건복 **펴낸곳** | 도서출판동녘

전무 | 정락윤
책임편집 | 이상희 **편집** | 박재영 김옥현 박상준 구형민 이미종 이정미 윤현아
디자인 | 김은영 **영업** | 이상현 **관리** | 서숙희 장하나

인쇄 | 영신사 **제본** | 영신사 **라미네이팅** | 북웨어 **종이** | 한서지업사

등록 | 제311-1980-01호 1980년 3월 25일
주소 | (413-756) 경기도 파주시 교하읍 문발리 파주출판도시 532-5
전화 | 영업 031-955-3000 편집 031-955-3014 **전송** | 031-955-3009
블로그 | www.dongnyok.com **전자우편** | planner@dongnyok.com

ISBN 978-89-7297-649-3 03610

- 책값은 뒤표지에 있습니다.
- 이 도서의 국립중앙도서관 출판시도서목록(CIP)은 e-CIP 홈페이지(http://www.nl.go.kr/ecip)와 국가자료공동목록시스템(http://www.nl.go.kr/kolisnet)에서 이용하실 수 있습니다. (CIP제어번호: CIP2011002039)

건축

르코르뷔지에의 정의

이관석 지음

동녘

"여러분이 상상하듯 나는 빛을 자유롭게 사용합니다.
나에게 빛은 건축의 기본입니다. 나는 빛과 함께 구성합니다."

차례

프롤로그 　건축을 찾아서　9

1920년대의 르코르뷔지에

시대정신과 르코르뷔지에의 자각　22
1920년대 전후, 격동의 시대 / 답사를 통해 시대정신에 눈뜨다

화가이자 문필가 르코르뷔지에　52
화가의 꿈 / 글쓰기, 건축 작업의 길잡이

기계와 건축　75
기계를 보는 혜안 / 총체적 관점에서의 기계 / 기계에 대한 객관적 자세

르코르뷔지에의 건축 정의

물질적 측면에서의 건축　96
　　기능과 조직으로서의 건축　96
　　기능 중시 사고 / 표준과 유형 / 추상성과 기능 /
　　조직으로서의 건축 / 조직자로서의 건축가

동선과 볼륨으로서의 건축　113
　　동선, 공간과 시간의 합체 / 볼륨, 내·외부로서의 공간
정신적 측면에서의 건축　129
　　질서와 조화로서의 건축　129
　　고전과 전통 / 기하학과 건축 / 질서로부터 만족을 얻는
　　건축 / 조화의 심오한 전달
　　빛을 기본으로 하는 건축　162
　　지중해의 빛 / 빛, 건축의 기본 / 빛과 백색

감동으로서의 건축

'관계'를 통한 시적 감동이 있는 건축　180
실용성을 초월한 건축의 경지 / 예술과 시와 건축 / '관계'를 통한 감동 /
미와 '관계'

감동의 체험　191
비례를 통한 수학적 감수성과 조화로운 관계 / 의도의 지각 / 순환동선과
감동 체험 / 의도성과 우연성의 공존 / 파르테논, 정신의 순수한 창조물

에필로그　바른 건축을 찾아서　212

| 일러두기 |

1 저자 주는 미주로 처리했다.
2 한글 전용을 원칙으로 하되 원문의 이해를 돕기 위해 경우에 따라 프랑스어, 영어, 한문을 처음 나올 때 병기했다.
3 모든 고유명사나 용어를 음역한 경우 한국어판 브리태니커 사전을 참고하였고 외래어 표기법에 맞춰 원어 발음에 가깝게 했다. 정기간행물의 경우 원어에 사용된 관사의 음역은 관례상 생략했다.
4 주석과 참고문헌의 원서 표기 방식은 저자, 원고명, 책명, 발행한 곳, 출판 연도, 쪽 번호 순으로 정리했다.

| 프롤로그 |

건축을 찾아서

"건축이란 무엇인가?"

이 질문은 건축 전공자라면 건축을 처음 배우는 순간부터 전문가가 된 이후에도 뇌리에서 떠나지 않는 화두일 것이다. 사람들은 자신이 하고 있는 일의 본질이 무엇인지 궁금증을 갖기 마련이다. 건축인으로서 자신의 역량을 총동원한 지식과 경험으로 건축의 의미를 정립하여 자신이 취한 건축적 자세의 사회적·역사적·기술적 위상을 분별하고픈 욕구가 시시때때로 발동하는 것이다.

이 질문은 건축 비전문가에게도 관심거리일 수 있다. 문화유산으로서, 종합예술로서 건축이라는 거창한 이유가 아니더라도 우리에게 삶의 터를 제공하는 건축에 대한 호기심은 당연하다. 개인 집에서부터 학교, 사무실 등 우리의 거주환경을 규정하는 건축물들은 그곳에서 생활하는 사람의 감성에까지 영향을 미친다. 이런 이유로 20세기에 들어서 예술 장르의 독자성이 확보된 후

에도 각각의 장르에서 시대를 선도했던 전위 예술가들은 건축에 지대한 관심과 경의를 표했다.[1]

그러나 '건축이란 무엇인가?'라는 질문에는 건축 전문가들도 선뜻 대답하기 쉽지 않다. 건축이 지닌 다양한 속성 때문이라고 둘러대 보지만 영 께름칙하고 겸연쩍다. 짧지 않은 건축 역사를 가졌음에도 곱씹어 볼만한 건축 정의가 흔치 않으며, 가뭄에 콩 나듯 가끔씩 나름의 의미를 지닌 건축 정의들을 접하곤 한다. 그러나 대부분 단편적이어서 건축의 의미를 심층적·총체적으로 조명해 보기가 쉽지 않다.

우리나라가 인구밀도 세계 최고 수준이라는 평계를 업고, 건축을 유효한 재산 증식 수단으로 전락시킨 데에는 여러 원인이 있을 것이다. 하지만 사례를 일일이 들기도 민망할 만큼 건축업계에서 흔히 접하는, 우리의 주거문화를 갉아먹는 악성종양인 건축에 대한 몰이해가 끼치는 여파는 만만찮다. 비전문가인 건축주뿐만 아니라 건축주를 선도해 나아가야 할 책임이 있는 건축 전문가들조차 건축에 대한 올바른 이해가 부족한 경우가 의외로 많음은 부끄럽지만 사실이다. 이런 왜곡된 인식은 건축을 무조건 좋아하고 밤새워 작업하는 것이 즐겁다고 해결되지 않는다. 앎에 따라 행동하는 데는 수동적인 앎을 넘어선 올바른 이해가 필요하다. 건축이 무엇인지를 바로 알지 못한 그릇된 열심은 오래 가지 못하고 어느덧 진정성의 결여로 옆길로 새기 일쑤다.

이 책은, '건축이란 무엇인가?'라는 내가 평소에 가졌던 관심과 어느 이론가나 역사가, 건축가보다 수적으로나 내용적으로 풍성한 정의를 내린 르코르뷔지에Le Corbusier, 1887~1965의 1920년대 명저들을 번역할 기회를 만나면서 시작됐다. 혼자 즐기는 것으로 충분했던, 다의적이고 과격한 용어를 수시로 사용하고 파격에 가까운 문법과 문맥으로 인해 해독이 쉽지 않은 르코르뷔지에 특유의 영감과 탐구가 어우러진 결과인 선언적 주장들을 원서로 읽으면서 느꼈던 설렘을 우리 어법에 맞게 순화시켜 내어 놓아야 할 번역 작업은 후학들을 위한 의무감이 없었다면 회피하고픈 일이었다. 하지만 《건축을 향하여Vers une Architecture》1923에 이어 《프레시지옹Précisions sur un état présent de l'architecture et de l'urbanisme》1930과 《오늘날의 장식예술L'Art décoratif d'aujourd'hui》1925을 운명처럼 번역하게 되었다.

이 세 권의 책은 르코르뷔지에가 프랑스 화가 오장팡Amédée Ozenfant, 1886~1966[2]과 벨기에 시인 데르메Paul Dermée, 1886~1951[3]와 함께 발행하여 1920년대 전반기에 국제적 반향을 불러일으켰던 잡지 《레스프리 누보l'Esprit Nouveau》[4]에 실린 자신의 논평들을 묶어 별도의 책으로 연속 간행한 여섯 권 중 일부다. 이 여섯 권의 책은 20세기에 걸맞은 새로운 건축의 길을 추구하던 당시 아방가르드의 치열했던 최전선에 르코르뷔지에를 나서게 한 저작들이다.[5] 매스미디어에 대한 본능적 이해력과 탁월한 시사 감각을 지녔던 르코르뷔지에의 건축 개념과 실행은 효과적인 선동 도구이며 자신의 생각을 성숙시켜 나아가는 유용한 틀이었던 《레스프리 누보》와 함께 탄생했다고 해도 과언이 아니다. 미학적·인간적으로 강한 자극을 받았던 긴 답사 여행 이후 1917년 마침내 파리에 정착한 그가 단순한 예술 잡지의 한계를 넘어서 근대성을 표출하는 다양한 영역을 넘나들며 시대정신을 이끈 《레스프리 누보》를 발간하여 풍성한 국제적 담론의 리더가 된 것이다.

르코르뷔지에는 《건축을 향하여》를 중심에 두고 좌우의 양 날개처럼 《오늘날의 장식예술》과 《도시계획》을 연이어 편찬해 1920년대 자신의 건축과 도시를 위한 이론적 전제이자 사고의 출발을 알리는 삼총사로 삼았다. 마침 내가 번역한 《건축을 향하여》, 《오늘날의 장식예술》, 《프레시지옹》에는 건축 정의에 해당하는 다수의 선언적 표명이 담겨 있다. 《프레시지옹》은 1929년 아르헨티나 예술동호회의 초청으로 남미를 방문하여 행했던 열 번의 강연회 내용을 책으로 엮은 것이다. 번역을 위해 이 책들을 다시 찬찬히 읽으며 얻은 소득 중 하나는 세 책 곳곳에 보석처럼 박혀 있는 건축 정의들에 대한 새삼스런 인식이었다. 온전히 숙성된 한두 가지 정의도 내세우기 힘든 마당에 르코르뷔지에는 다양한 관점에서 "건축은 …… 다", "건축은 ……에 있다", "건축의 본질은 ……에 달려 있다", "……는(은) 건축의 기본이다", "건축적 구성은 ……이다" 같은 건축을 정의하는 문장들을 열정적으로 거듭 토로했다. 그의 건축 작품과 더불어 저서들이 누리는 공인된 위대함에서 아직 합당하게 주목받지 못한 측면이다.

이 책은 르코르뷔지에의 다양한 건축 정의들에서 취할 수 있는 교훈을 통해 건축에 대한 우리의 자세를 성찰해 보고픈 마음을 담고 있다. 이를 위해 르코르뷔지에의 건축 정의들을 건축의 물질적 측면에서 본 범주와 정신적 측면에서 본 범주로 우선 대별하여 고찰한다. 지금은 데카르트R. Descartes, 1596~1650가 체계적으로 제시했던 물질과 정신의 이원론에서 비롯된, 물질과 정신의 관계에 대한 논쟁이 더 이상 주도적 위치에 있지 못하는 시대다. 또한 정신은 물질과 속성이 동일하지는 않지만 물질에 기반하며 실제로 물질적 설명으로 해결할 수 있다고 믿는 정신도 물질이라는 견해가 설득력 있게 제시되는 때다. 이러한 시류에도 불구하고 건축을 물질적·정신적 측면으로 나눠 숙고하는 이유는 "건축 정신은 오직 물질적 상태와 심리적 상태의 결과로 생겨난다"[6]며 건축의 물질적이자 정신적 속성에 주목한 1920년대 르코르뷔지에의 관점에 충실하기 위해서다. 르코르뷔지에도 물질을 통해 구축되지만 정신에 의해 통제되는 균형 잡힌 건축을 추구한 것이다. 건축에서 형식과 내용의 타당함propriety 같은 오래된 기본 원칙은 건축의 물질성과 정신성에 균형 감각을 요구한다. 건축 역사의 변천도 둘 사이의 요동치는 비중 변화와 다름 아니다. 건축의 물질적·정신적 비중이 시대에 따라 저울질되어 온 것이다.

　이어서 르코르뷔지에가 건축이 이르러야 할 궁극적 목표로 지향한, 정신의 순수한 창조물로서 감동을 주는 건축의 모습을 살펴볼 것이다. 그렇게 함으로써 건축을 하는, 건축 안에서 사는 우리를 되돌아보고자 한다. 성찰이 동반된 삶인 실천을 통해 건축을 대하는 우리의 자세가 회복되고 건강해지기를 바라는 것이다.

이 책에서는 때로 원문을 인용하고, 때로 문맥에 따라 풀어쓰기도 하면서 르코르뷔지에의 건축 정의를 가능한 많이 수록하고자 했다. 출처를 밝혀 본문을 쉽게 확인하고 필요할 때마다 독자들의 추가 학습과 연구에 도움이 되도록 특히 자주 인용되는 《건축을 향하여》는 《향》, 《오늘날의 장식예술》은 《장》, 《프레시지옹》은 《프》로 축약하여 출처를 드러냈다.

물질적 측면에서의 건축 특성에서는 기능과 조직으로서의 건축 및 동선과 볼륨으로서의 건축의 면모를 들여다본다. 정신적 측면에서의 건축 특성에서는 질서와 조화로서의 건축의 면모와 건축에서 자연광의 중요성을 탐구한다. 르코르뷔지에가 기능, 조직, 동선, 볼륨, 질서, 조화와 자연광 같은 건축의 전통적 키워드들을 주제어로 다시 거론한 것에 실망할 필요는 없다. 그는 분명 이 용어들을 거듭 사용하며 건축을 설명했다. 소수자로서 아카데믹한 주류들과 싸운 그의 투쟁적 이미지와 함께 이전 건축과의 차별성 때문에 그의 건축이 마치 별종처럼 여겨지기도 한다. 그러나 시대정신에 걸맞은 건축을 추구한 그의 사상은 여전히 유효한 전통적 가치에 기반을 두고 있다. 우리가 관심을 갖는 1920년대에 그는 새로움 자체를 목적 가치로 삼는 아방가르드[7]의 대표주자 중 한 명이었지만, 그에게 새로움은 목적이라기보다는 전통적 가치를 시대정신에 맞춰 업데이트한 결과임을 이 책은 보여 줄 것이다. 르코르뷔지에의 건축은 분명 새로웠다. 하지만 그는 새로움만을 목적으로 삼기에는 과거와 현재가 끊임없이 대화하는 역사에 매우 진지했으며, 지칠 줄 모르는 탐구의 영역은 넓었고 그 내용은 깊었다.

시대정신의 자각과 근본에의 침잠은 대립되는 가치 같지만 르코르뷔지에가 증명하는 것처럼 이 둘은 함께 나란히 굴러야 할 수레바퀴 같은 사이다. 시대정신이 결여된 근본에의 집착은 목적지를 향해 가야할 바를 지휘할 현명한 선장은 태우지 않은 채 보급품만 가득 싣고 대양으로 나서는 선박과 같다. 반면에 시대정신에만 기민하고 근본을 무시하는 행태는 배를 건강하게 유지시켜 줄 연료와 식량 등은 싣지 않은 채 목적지에 하루빨리 닿기만을 원해 나침반만 챙긴 술 취한 선장의 지시로 출항하는 격이다. 건축의 앞길에는 큰 파도가 넘실대는 넓은 바다가 있다. 때로는 급작스런 일기불순으로 예상치 않은 고난에 부딪히기도 한다. 시대정신의 자각과 근본에의 정통은 이 모두를 이겨 나갈 체력을 기르는 보약이다.

이 책이 시기적으로 1920년대를 주목하는 이유는 근대건축의 성립 시기로 간주되는 그때에 이전 시대의 건축과 뚜렷이 구별되는, 오늘날의 현대건축 Contemporary Architecture을 결정적으로 규정한 근대건축 Modern Architecture의 특성이 개별적 또는 집단적으로 발현됐기 때문이다.[8] 이 책에서 거론되는 《레스프리 누보》와 《데스타일》을 포함하여 *MA, Dokumentum, Tèr ès Forma, Der Sturm, i 10, ABC-Beiträge zum Bauen, Starva, Wasmuths Monatshefte für Baukunst* 등 다수의 선구적 예술 잡지들이 1920년대를 전후하여 유럽 각국에서 동시다발적으로 발행되어 건축을 포함한 예술의 현대적 의미를 적극적이고 경쟁적으로 모색하던 시기이기도 했다.

이 책은 '건축이란 무엇인가?'라는 질문에 한 문장으로 요약하여 대답하려고 시도하지 않는다. 인문학적·예술적·공학적 소양을 공히 요구하는 건축의 다채로운 속성은 이러한 섣부른 욕심을 가져서는 안 되며 가질 수도 없게 한다. 이런 이유로 르코르뷔지에의 여러 건축 정의는 각각으로 또는 부분적으로 조합되어 우리의 지각을 두드리고 감성에 호소하며 건축의 다면성을 입체적으로 드러낸다. 르코르뷔지에의 건축 정의는 '건축이란 무엇인가?'라는 화두를 걸머지고 바른 건축의 길을 찾아 나선 우리의 걸음을 인도해 줄 안내자이자 조력자가 될 것이다. 건축에 대한 어떤 진한 표현도 건축의 일부 측면만을 묘사할 뿐이라는 점 때문에 목적지에 이르지 못할 것이라는 두려움으로 주춤할 필요는 없다. 오히려 건축의 다양한 면모와 폭넓은 가능성에 가슴 설렐 수 있다.

건축 역사는 우리 모두가 하나의 건축 정신에 맞춰 한 줄로 서도록 세울 의사가 없음을 분명히 말한다. 우리는 각자의 길에서 정진하면서 나름의 건축 정의를 정립하고 자기의 건축을 하고 자신이 원하는 거주환경을 꾸미면 된다. 주지하다시피 르코르뷔지에의 건축은 당시나 지금이나 열광하는 이들이 많은 만큼 또한 적잖은 반대자를 만들었다. 그의 영향력이 워낙 크므로 반대 의견의 가치는 더욱 존중될 필요가 있다.[9] 이 책이 그의 건축 정의를 다루고 있다고 해서 그러한 이견들을 묵살할 의사는 전혀 없다. 이 역시 건축의 다양성을 반영하는 긍정적 측면이다. 이 책은 그럼에도 오늘날 여전히 생생히 살아 끊임없이 새로운 교훈을 재생산해 내는 르코르뷔지에의 건축과 건축적 이론들의 의미적 배경인 주옥같은 건축 정의들을 되새김으로써 건축의 근본에 유의하고자 한다. 르코르뷔지에가 추구한 감동으로서의 건축에까지 이르는 여정 앞에서 80년 시차는 무의미하다. 수천 년 전 교훈들이 여전히 유효하듯 시대정신이 담보된 본질 탐구는 미래의 시간 앞에서도 당당하다.

1920년대의 르코르뷔지에

르코르뷔지에의 건축 정의를 찾아가는 출발점에 서니, 먼저 그가 어떤 인물인지 알아볼 필요를 느낀다. 어떻게 남다른 시대의식을 가졌는지, 건축가로서뿐만 아니라 화가이자 문필가로서 그의 폭넓고 열정적인 문화예술 활동이 건축적 사고와 작업에 어떤 영향을 미쳤는지, 시대의 총아로 떠오른 기계에 대한 그의 유별난 애착의 근거와 건축과의 연관성은 무엇인지를 파악한다면 건축 정의가 설정된 기반을 더 잘 이해할 수 있을 것 같다. 그의 건축 정의는 19세기 말과 20세기 초의 문화적·정치적 격변기를 온몸으로 받아내며 형성된 체험의 산물이었다.

당시 르코르뷔지에가 토로한 건축 정의들의 바탕에는 아직 개척되지 않은 영적인 땅인 새로운 시대[10]에 적합한, 올바른 시대정신에 근거한 건축을 향한 열망이 깔려 있었다. 저서들에 나오는 '시대'라는 용어와 함께 하는 건축에 대한 직접적인 언급 횟수를 무론하고 사실상 책 내용 전체가 시대정신을 설명하고 있으며, 앞으로 살펴볼 건축 정의 대부분이 이와 연관되어 있다고 해도 과언이 아니다.

"건축은 시대를 반영하는 거울이다."[11]
"건축은 시대에 기인하는 감정을 물리적으로 결정하는 체계다."[12]
"건축은 한 시대의 사고방식을 표현하는데……."[13]
"건축은 시대정신의 결과입니다."[14]

이 같은 언급들은 삶의 현상인 건축이 시대의식을 제대로 담아야 함을 거듭 표명한다. 르코르뷔지에 개인의 인생행로에서 차지하는 비중 또한 매우 컸던 1920년대를 전후한 격변기 시대상황을 건축적 사건을 중심으로 정리하면서 길을 나서보자.

시대정신과 르코르뷔지에의 자각

1920년대 전후, 격동의 시대

과학기술과 문화에서 엄청난 변화의 물결이 밀어닥친 격동기였던 19세기 말에서 20세기 초에는 당시의 시공에 대한 인식을 송두리째 뒤엎는 일련의 사건들이 연이어 발생했다. 심리학에서 비롯되어 문학에서는 의식의 흐름 기법을 활용한 소설들, 의학에서는 인간을 의식의 영역 밖에 존재하는 비합리적이고 통제할 수 없는 무의식적 본능의 지배를 받는 존재로 본 프로이트Sigmund Freud, 1856~1939[15]의 정신분석이론, 예술에서는 원근법과 명암법을 타파하고 다시점을 도입한 입체주의Cubism, 과학에서는 시간과 공간이 관측자에 따라 다

필립 웨브Philip Webb, 1831-1915, 붉은 집Red House, 런던 남동쪽 교외, 1859~60. 윌리엄 모리스가 건축가 필립 웨브에게 의뢰하여 지은 집으로 당시 기계생산제품의 저질성 때문에 모리스와 동료들이 직접 실내장식을 했다. 중류층의 편리성을 중시한 결과 불필요한 대칭성과 웅장함 같은 당시 저택들에 당연시되던 관례를 버리고 내부 기능에 따라 L형 평면을 취했다. 구조부의 재료를 가리기 위해 회반죽을 사용한 신고전주의의 규칙을 따르지 않고 적벽돌을 노출시켜 붉은 집으로 불렸다. 이탈리아나 바로크와의 연관성을 거부하고 포인티드 아치, 가파른 물매 같은 고딕 디테일을 적용했다.

르다는 상대성이론 등이 그것이다.[16]

　이 시기는 건축이나 르코르뷔지에와 연관된 사건들 위주로 살펴보아도 급격한 산업화에 따른 국가들끼리의 경쟁이 늘어나고 러시아혁명이나 제1차 세계대전 같은 전례가 드문 대형 사태의 소용돌이 속에서 건축이 나아갈 바를 좌충우돌하며 모색하던 때였음을 확인할 수 있다. 시대 변화에 둔감했던 많은 건축가들은 어찌할 바를 모른 채 과거의 가치에 안존하는 퇴행적 행태를 보였다. 여기서는 포부의 성취 여부와 관계없이 비록 소수의 무리였지만 새로운 길을 찾아 나섰던 과감한 노력들에 주목한다. 기존 사상이나 도덕, 질서가 흔들리며 절망적이고 향락적 분위기에 휩쓸려 염세적이고 퇴폐적 사회풍조에 빠졌던 세기말 현상이 유럽에 팽배한 가운데 선각자들은 근대화에 따른 산업과 예술의 관계 정립, 문화 대중화 방안, 새 시대에 합당한 예술의 새로운 방향 설정 등 해결해야 할 무거운 과제들을 안고 있었다.

　현대건축의 기원에 대한 견해는 연구자마다 조금씩 다르지만,[17] 예술공예운동Arts & Crafts Movement부터로 봐도 괜찮을 듯하다.[18] 예술공예운동은 1851년에 영국이 산업혁명의 기세를 몰아 자랑스럽게 개최한 세계 최초의 런던국제박람회에 미학적으로 혐오스러운 생산품들이 전시된 것을 보고 '왜 비약적으로 발전한 산업이 예술의 향상에는 기여하지 못했는가?'에 대한 심각한 회의가 계기가 되어 형성된 운동이다. 고상한 수공예품을 모방한 조잡한 기계 생산품이 판을 치고 예술가들이 그 진창에 발 담그기를 주저한 시기에 예술공예운동을 이끈 윌리엄 모리스William Morris, 1834~96[19] 같은 이는 예술가 스스로 장

윌리엄 모리스, 벽장식 타일, 1876~77. 파리의 오르세 미술관에 전시되어 있는 이 벽장식품은 논리적 통합성과 자연의 성장에 대한 면밀한 연구 결과다. 장식적 구성이면서도 단순한 자연 모방과는 다른, 모리스 특유의 자연에 대한 강한 감정을 보여 준다.

인 겸 디자이너로 전환하는 것을 유일한 해결책으로 생각하고, 예술가의 건강한 지위와 적절한 디자인을 위해 투쟁했다. 이 운동 내에서도 기계에 대한 태도는 구성원 사이에 서로 달랐다. 런던 국제박람회를 기획하여 성사시켰던 핸리 콜Henry Cole, 1808~82은 당시 성기 빅토리안High Victorian 디자인의 현란하고 정교한 자연주의에 반발하여 평탄한 면을 위한 평면 패턴을 만들어 냈다. 그는 기계로부터 새로운 아름다움이 태어난다고 믿었으며, 저가로 모든 사람에게 확산될 수 있으리라 생각하며 '산업미학'을 내세우고 '기계주의 미'를 창출하는 기술자 양성을 권장했다. 하지만 윌리엄 모리스는 기계의 의미를 부정적으로 인식하여 민중을 근간으로 한 예술을 제창하는 근대예술의 사회성을 중시하면서도 막상 기계 생산을 반대하는 전근대적이고 이율배반적인 한계를 노출했다.

예술공예운동과 함께 역사주의에서 20세기 기능주의로 전환하는 시기에 일어난 운동으로 1890년경 브뤼셀에서 시작되어 단시간에 전 유럽으로 들불처럼 확산된 아르누보Art Nouveau[20]가 있다. 이 운동 역시 과거의 장식을 모방하지 않고 나름의 표현 언어를 찾고자 노력했으며 철과 유리 같은 산업 생산품의 미학적 가능성을 발견하고 활용하여 후세대가 일으킨 반역사주의적 근대

운동의 초석이 되었다. 그러나 지나치게 복잡하고 세련된 수공예와 장식예술에 집중하는 우를 범하여 급속히 퇴조, 1905년경에 거의 소멸됐다. 르코르뷔지에도 학창시절에 당시 최신 경향이던 아르누보 교육을 받았으나 1907년에 동기생인 조각가 패랭Léon Perrin, 1886~1978과 함께 이탈리아의 여러 도시들과 비엔나를 답사하면서 이미 아르누보의 생명력이 다했음을 직감했다. 르코르뷔지에는 자신이 취업을 신청했던, 아르누보의 일파인 분리파Secession Stil 건축가 호

빅토르 오르타Victor Horta, 1861~1947, 타셀 주택Tassel House의 주파사드, 브뤼셀, 1893~95. 급작스런 출현이라고 할 수 있을 만큼 성숙된 아르누보의 초기 건축 작품이다. 돌의 둔중함과 조화를 이루는 유기적 선으로서 철이 사용됐다. 개인주택에 철골구조가 적용되었으며, 복도를 대신하는 넓은 홀과 계단 공간을 이용해 레벨이 다른 개개의 방을 연결하는 유동적 평면계획을 취했다.

타셀 주택의 현관. 바닥의 모자이크에서 시작하여 벽면을 덮고 천장까지 기어오르는, 창의에 넘치는 우아한 식물장식 곡선의 율동이 유동적 공간의 연속성을 강조한다. 문과 벽에는 스테인드글라스가 장식되어 있으며 조명기구는 꽃으로, 주철의 지주와 가로대는 어린 나무로 변용變容됐다. 참신한 색채로 빛나는 장식의 율동은 부드럽게 빛을 확산하는 상부의 밝은 천장으로 성장하여 풍성하게 번영하는 유기적 생명을 상징하며, 주택 전체를 이상적 인공낙원으로 이끌어간다.

프만Josef Hoffmann, 1870~1956의 설계사무실에서 일할 수 있는 기회도 포기했다.[21]

1908년에는 오스트리아 건축가 아돌프 로스Adolf Loos, 1870~1933가 《장식과 범죄Ornament und Verbrechen》를 발표하여 일정한 장식의 존재 가치는 인정하면서도 시대에 맞지 않고 적절치 않은 장식의 유해성을 설파했다. 그러나 이 논설은 그의 본의와 달리 '모든 장식은 죄악'이라는 내용으로 오인되어 20세기 초 무장식의 미학 형성에 결정적인 영향을 끼친 대표적 문헌으로 대접 받게 된다. 새로운 시대에 적합한 새로운 이데올로기를 찾고 있던 근대주의자들에 의해 이 논설의 과격하고 자극적인 표현은 장식에 대한 적극적인 저주[22]로 부추겨졌고 거의 반세기동안 열광적으로 수용됐다. 미국 건축 역사가 콜린스Peter Collins, 1920~81는 세기 전환기 장식 위기의 절정을 상징하는 이 논설이 그 시대의 장식에 신랄한 비판을 가함으로써 건물 표면의 단순화와 건축적 장식의 배제를 추구하고, 거의 동시에 회화에서 디테일의 묘사가 사라졌다고 말했다.[23] 이러한 평가는 대다수 건축가들과 비평가들에게 긍정적으로 받아들여진 정설로 장식에 대한 근대주의자들의 논조가 이 논설에 근거한다고 단정되기까지 했다.

르코르뷔지에는 1921년 《레스프리 누보》에 이 논설의 프랑스어 번역본을 게재하면서, 명석하고 독창적인 로스가 장식의 무용함을 개진하며 산업의 위대함과 그것이 가져온 기여를 미학에 적용하려는 1921년에도 여전히 혁명적이거나 기묘하게까지 보이는 확실한 진리를 선언하기 시작했다고 기록했다.[24] 로스의 사후 추도문에서는 "1908년 발표된 한 편의 놀라운 글 《장식과 범죄》

와 함께 우리들의 건축적 관심 한가운데 홀연히 나타났으며, 영웅적인 순수화를 창조한 사람이다"[25]라고 했다. 로스는 이 논설의 의도가 일부 곡해된 것을 바로잡기 위해 1924년에 《장식과 교육》을 발표했다. 그는 모리스와 달리 예술가의 공예 참여에 반대하는 입장이었다. 이 논설에서 로스는 오히려 당시 호응을 얻기 시작한, 모든 장식의 무효용성을 주장하는 순수주의적 태도를 비판하고 예술은 예술로서, 공예는 공예로서 구별되기를 주장했다.[26] 로스는 공예인들이 보람을 느끼게 하는 장식에는 너그러울 수 있었다.

20세기 초 프랑스에서는 건축가 토니 가르니에Tony Garnier, 1869~1948[27]와 오귀스트 페레August Perret, 1874~1954[28]가 철근콘크리트 구조의 건축물을 실현하기 시작했다. 당시 기껏해야 토목업자들에게나 필요한 재료로 치부되던 이 재료가 미래의 핵심 구조재가 될 준비를 하고 있었던 것이다. 르코르뷔지에는 이 두 대가를 모두 만나 철근콘크리트 건축의 가능성을 경험하는 행운을 누렸다. 가르니에는 도시계획이 좌우대칭과 기념비성 같은 아카데믹한 원리에서 완전히 벗어나야 하고 미래의 도시들이 공업에 바탕을 두어야 한다는 신념으로 구상한 공업도시Cité industrielle, 1904 계획안으로 세간의 주목을 받고 있었다. 1907년에 그를 만난 르코르뷔지에는 위대한 공업, 철근콘크리트, 사회주의 사회라는 세 가지 모토 위에서 용도별로 구획이 설정된 이 계획안을 100년간 프랑스 건축이 발전해 온 성과물이며 프랑스에서 제시된 계획안들 중 가장 과학적인 작업이라고 평가했다.[29] 노동자 주거 공간인 단순한 콘크리트 입방체에 감명을 받았음은 물론이다.[30] 이듬해인 1908년 2월부터 14개월간 파리에

1 토니 가르니에, 공업도시의 전체 배치도, 1901~04. 가르니에의 고향인 리옹Lyon 인근에 가상적이나 현실적인 대지를 선택하여 35,000명이 거주하는, 공업시설과 철도, 도심, 주거를 합리적으로 연계한 계획안이다. 우측의 강 지류 너머가 구도시며, 지류 꼭대기에 수력발전소가 있다. 강 위쪽의 긴 건물군은 행정타운과 문화센터이며, 그 위쪽에 병원이 있다. 강 우측에 공단이 자리하고, 공단 위 지류 쪽에 기차역이 있다.

2 토니 가르니에, 공업도시의 비단직조공장과 거주지, 1908. 광장 좌측에는 직조학교, 양잠 및 제사공장, 초벌 염색공장이, 우측에는 직조박물관이, 앞쪽에는 단순한 콘크리트 입방체인 노동자 주거가 있다. 1904년 계획안과는 달리 주거구역과 노동구역이 근접해 기능성을 중시한 집중을 볼 수 있다.

오귀스트 페레, 프랭클린가 25번지25bis, rue Franklin 아파트, 파리, 1902~03. 장식 패널로 콘크리트 표면이 덮였지만 철근콘크리트의 원리는 외관에 드러난다. 전면의 공원을 향해 열린 큰 창으로 집안은 밝다. 이 아파트 1층에 오랜 기간 페레의 설계사무실이 있었다.

헤르만 무테지우스, 미셸 앤 씨Michels & Cie 비단제조공장, 노이바벨스베르그, 1912. 공장의 기능적 요구를 잘 충족시키는 우아한 철골조 단면을 구상하고 대량생산한 후 현장에서 조립함으로써 무테지우스의 뜻이 관철됐다.

체류하며 페레에게 철근콘크리트 구조를 직접 배웠다. 이때 르코르뷔지에는 건축가로서 영위할 새로운 삶과 작업에 대한 비전과 순수한 형태를 가능케 하는 철근콘크리트를 확신하게 된다.

독일에서는 예술과 공업, 수공예를 협동시켜 공업제품의 질을 높이기 위해 독일의 예술공예운동이라 할 수 있는 독일공작연맹Deutscher Werkbund[31]이 1907

반데벨데, 쾰른 독일공작연맹 전시관, 쾰른, 1914. 곡선 처리된 모서리에서 아르누보의 흔적이 엿보인다.

년에 발족됐다. 예술공예운동의 실용주의는 본받으면서 산업적으로 영국에 대항하기 위해 독일의 공업과 예술가들이 더욱 긴밀한 관계를 맺을 수 있도록 연결시켜 생산품의 디자인을 향상시킨다는 목표가 있었다.[32] 수만 명의 산업가, 예술가, 장인이 이 단체의 회원이었는데, 무테지우스Hermann Muthesius, 1861~1927를 중심으로 한 그룹과 반데벨데Henry van de Velde, 1863~1957[33]를 중심으로 한 그룹 사이에 치열한 이념 분쟁이 있었다.[34] 무테지우스 그룹은 표준화를 주장하며 추상적인 형을 생산품 디자인의 미학적 바탕으로 삼았는데 이것은 르코르뷔지에에게 영향을 끼쳤다. 반면 반데벨데 그룹은 개개 예술가들의 본질적이고 창의적인 권리를 주장했다. 생각과 개성이 너무나 다른 많은 사람들이 1933년 나치스에 의해 해체됐다가 1946년 재건되기까지 오랜 시간을 함께 할 수 있었던 이유들 중 하나는, 산업사회에서는 모든 질이 직접적으로 위협받는다는 구성원들의 우려[35] 덕이었다. 이 이념 분쟁은 오늘날 독일 산업력의 바탕이 되었다.

페터 베렌스, AEG 터빈공장 조립홀, 베를린, 1908~09. 당시 공업건축을 덮고 있던 장식에서 벗어나 철과 유리, 콘크리트를 사용하여 과학과 산업의 우위를 비판적으로 수용한, 산업력을 지닌 신전 형식을 취했다.

    1911년 4월에[36] 르코르뷔지에는 모교인 라쇼드퐁La Chaux-de-Fonds 예술학교의 의뢰로 독일공작연맹의 주요 인물들과 교류하며 독일의 산업과 예술의 협력 관계를 연구했다. 비록 근무 시기는 조금 달랐지만 이때 후일 자신과 함께 근대건축의 세 거장으로 추앙받게 되는 독일 건축가 그로피우스Walter Gropius, 1883~1969[37]와 미스 반데어로에Ludwig Mies van der Rohe, 1886~1969[38]가 일했던 베렌스Peter Behrens, 1869~1940[39]의 설계사무실에서 5개월간 제도기사로 일하는 묘한 인연을 맺는다.[40] 독일공작연맹의 부회장이던 미스 반데어로에가 1927년 건축

르코르뷔지에, 바이센호프 주택전, 슈투트가르트, 1926~27. 르코르뷔지에는 여기서
두 건물을 건립했는데, 이후에 다시 설명될 '새로운 건축의 5원칙'이 모두 적용됐다.

공정의 합리화, 신재료와 신기술 사용을 통한 경비 및 작업 절감을 목표로 바이센호프Weissenhof의 언덕 위에 5개국 16명의 건축가를 초청해 주택전을 기획했을 때 현장에 가장 먼저 달려가 좋은 위치를 선점한 이도 르코르뷔지에였다. '기술적·합리적 근대세계를 어떻게 주택이라는 가장 친근한 삶의 공간에 참여시킬 것인가?'라는 화두가 그에게 무척 매력적이었을 것이다.

입체주의가 공간에 관심을 기울일 때 마리네티Filippo Tommaso Marinetti, 1876~1944[41]의 주동으로 이탈리아에서 시작된 미래주의Futurism는 문학에서 시작되어 미술, 음악, 건축에 이르기까지 움직임movement에 집중하여 근대적 삶과 그 힘이 지닌 역동성을 드러내고자 했다. 데스타일의 구성원과 바우하우스의 지도자들, 러시아 구성주의자들과 르코르뷔지에 등 당시 예술계를 선도하던 아방가르드들은 모든 예술을 속도와 기계로 본 미래주의에 매혹되어 기계적 세계로의 방향 전환에 힘을 얻었다. 당시 유럽 사람들이 가고 싶어 한 대표적 신혼여행지인 낭만의 나라 이탈리아의 시인 마리네티가 1909년 2월 20일 정치 논설의 중심이었던 프랑스 대표 조간지 《르피가로 Le Figaro》 첫 쪽에 실은 〈미래주의 선언문〉에서 "박물관을 불태워라, 베니스의 운하를 말려라, 달빛을 죽여라!"고 외쳤을 때 근대적 사고에 목말라했던 유럽 교양인들이 느꼈을 카타르시스는 상상 이상이었을 것이다.

다시 북유럽으로 올라가 보자. 북유럽 국가들에서는 1910년대에 예술에서의 표현주의 Expressionism가 나타났다. 19세기말의 정치적·경제적 혼란에 격

에리히 멘델존, 아인슈타인 타워, 포츠담, 독일, 1919~21. 위대한 과학자에 의해 정의된 동적이고 유기적인 우주를 상징적으로 표현하기 위해 강력한 곡선과 불규칙성이 적용됐다. 표현주의 건축은 흔히 단순한 평면에 이은 모서리의 역동적 곡면 처리로 건축의 합리적 측면과 비합리적 측면이라는 양극성을 해결했다.

미셸 드클럭Michel de Klerk, 1884~1923, 아이겐 하르트 공동주택Eigen Haard Housing Estate, 암스테르담, 1918~19. 우수하고 풍부한 벽돌공들의 노동력을 활용하여 발코니, 계단실, 창문, 출입구, 질감 등을 환상적이고 상상력을 자극하는 요소로 사용하여 공간을 중시한 로테르담 학파에 비해 육중한 표피가 돋보이는 표면적 건축을 구사했다. 우아하면서 역동적인 이런 요소들은 암스테르담 학파의 목적인 삶의 역동적 표현에 기여한다.

동한 예술가들이 자신의 내부에서 불붙은 격렬하고 부조리한 감정을 예술작품에 불어넣고자 한 것이다. 특히 독일에서는 당시 유행하던 아르누보 양식이 진정한 사회적·창조적 에너지가 결여된 것으로 치부되었고 무미건조한 부르주아의 문화를 대체하는 예술적 개인주의를 추구했다. 그 결과 디자인에 있어 감각의 역할과 중요성이 강조되면서 독일 건축가 멘델존Eric Mendelsohn, 1887~1953이나 푈치히Hans Poelzig, 1869~1936의 작품들처럼 역동적인 건축 형태가 나타났다. 비슷한 시기에 네덜란드에서는 바다와 분리될 수 없는 네덜란드 토속 예술 전통의 영향을 받은 암스테르담 건축학파가 형성되어 선박이나 파도의 움직임으로부터 유추한 다양한 요소들이 건축에 적용되었다.[42] 이 낭만주의 학파는 구조 시스템의 효율성과 평면의 기능성, 형태의 단순성과 같은 합리성을 더 중시한 로테르담 학파와 쌍벽을 이루며 네덜란드 건축을 이끌었다.

네덜란드에서《레스프리 누보》보다 3년 앞선 1917년에 현대예술에 커다란

피트 몬드리안, 구성, 1922. 몬드리안은 실재하는 색으로 노랑, 파랑, 빨강의 세 기본색에 집중했다. 그에게 노랑은 수직적인 광선의 운동이고 파랑은 노랑과 대조를 이루는 수평적인 창공의 색이며, 빨강은 파랑과 노랑을 결합시킨 색이었다. 이것은 지구나 지구상 모든 것의 형상을 만드는 두 가지의 근원적이고 완벽한 반대명제로 수평적인 힘의 흐름인 태양 주위를 도는 지구의 궤도와 수직적인 흐름인 태양 중심에서 시작되는 광선의 극히 공간적인 운동을 숙고한 결과다.

파장을 일으킨 한 예술 잡지가 발간됐다. 근대예술의 새로운 방향을 토론하고 전파하는 기관으로서 많은 진보적 예술가들이 비평과 이론, 성명서와 새로운 작품들을 발표한《데스타일*De Stijl*》1917~31이 그것이다. 데스타일의 주동 예술가이자 이론가 중에는 몬드리안Piet Mondrian, 1872~1944이 있다. 몬드리안의 신조형주의Neo-plasticism[43]는 수직선과 수평선, 기하학적 형태와 직각에 기반을 둔 평면, 삼원색이라는 조형 요소를 통해 평형과 조화를 지닌 환경을 창조하려는 데스타일의 건축 원리를 표현했다. 데스타일의 이론가이자 전파자인 반두

리오넬 파이닝거Lyonel Feininger, 1871~1956, 바우하우스 창립선언문 표지, 목판, 1919. 모든 시각예술의 최종 목표를 완전한 건축으로 삼은 바우하우스의 정신을 잘 드러내고 있다.

스뷔르흐Theo van Doesburg, 1883~1931가 요소주의 이론을 설명하는 선언문《조형적 건축을 향하여》의 16개 항목은 현대건축의 특징을 놀라울 만큼 구체적으로 적시한다.[44] 비록 이념적이고 형태적 측면에 치중했지만, 이 운동의 기하학 형태 추구는 현대사회에서 기계문명의 밑거름이 되었고 수많은 후대 예술가들에게 전수됐다.

데스타일이 아직 네덜란드에만 머물러 있던 1919년, 독일에서는 바이마르 장식예술학교와 미술학교가 통합되어 주요 예술과 기술 및 건축의 통합, 수공업자와 예술가의 구분 불가, 건축의 공동 작업을 목표로 한 바우하우스Bauhaus가 설립됐다. 윌리엄 모리스와 반데벨데의 정신을 이어받고 이탈리아 미래주의, 러시아 절대주의, 네덜란드 데스타일의 정신을 계승한[45] 바우하우스는 기능적이고 대량생산에 적합한 형을 추구하여 장식을 배제하고 기계화 시대의 가치를 핵심으로 삼은[46] 바우하우스 양식Bauhausstil을 탄생시켰다. 현대 응용예술교육의 본산으로 인정받는 바우하우스는 그러나 제1차 세

마리안느 브란트Marianne Brandt, 1892-1983. 바우하우스 디자인의 아이콘으로 여기지는 작은 차 주전자, 1924

계대전의 독일 패전 직후에 개교하여 재정적으로 어려웠다. 그래서 일감 찾기 수단으로 초기에는 수공예 중심 교육을 하다가 1923년 '예술과 기술, 하나의 새로운 결합'이라는 새 교육 이념을 정착시키면서 비로소 본 모습을 찾았다.

이처럼 새로운 시대에 적합한 새로운 건축의 방향을 찾기 위한 다양한 노력을 기울이던 1910년대 문화 격변기에 미증유의 대사건까지 발발했다. 제1차 세계대전과 러시아 혁명이 터진 것이다. 비록 정치적 사태지만 엄청난 혼동을 예술이 비켜갈 수는 없었다.

1900년경을 전후한 치열했던 제국주의의 각축은 마침내 제1차 세계대전이라는 참극을 몰고 왔다. 4년간 2,000만 명에 가까운 사망자와 2,100만 명을 넘는 부상자가 발생한 것은 역설적으로 인간에게 장밋빛 미래를 약속해 줄 것으로 믿었던 기계의 발달 때문이었다. 하루가 다른 기술의 효율성이 살상기계와 접목된 결과인 고화력 대포와 연발사격이 가능한 중기관총을 탄생시켰다.

1차 세계대전에 사용된 자동화 무기, 1차 세계대전 추념관Historial de la Grande Guerre, Péronne 전시

 이 무기들은 자연 엄폐물이 부족한 유럽의 평지에 판 1,000km에 달하는 참호에 웅크려 있다가 차례대로 몸을 노출시킨 채 돌격해 가는, 여전히 19세기 전술을 운용하던 전투 행태에서 더욱 위력을 발휘했다.

 1920년대는 유럽 대륙을 피로 물들인 이 세계대전이 1918년에 종전된 직후였다. 전쟁의 참화는 일찍이 인류가 경험하지 못했던 혼란과 공포를 유발시켰지만, 기계 자체에 대한 기대감이 손상된 것 같지는 않다. 르코르뷔지에가 "전쟁은 결코 만족하지 못하고 언제나 더 나은 것을 요구하는 탐욕스러운 고객이었다"[47]고 말한 것처럼 전쟁 중에는 누구나 성능이 더 좋은 군사 화기를 염원했을 것이며, 전후에도 빠른 재건을 위해 효율적 기계의 도움이 절실했을 것이다. 정상적인 방법으로는 전복시킬 수 없는 산업세계를 혐오하며 과거에 집착하는 기존 세력의 뿌리 깊은 구체제를 제거하기 원했던 마리네티의 "단지 전쟁만이 세상에 건강을 줄 수 있을 것이다" 같은 언급과 아폴리네르Guillaume

Apollinaire, 1880~1918[48]의 "아, 전쟁은 얼마나 아름다운지!" 같은 찬사는 끔찍했던 전쟁 피해를 감안하면 엽기적이다. 1917년 돌격 명령을 받은 프랑스 병사들이 도살장에 끌려가는 양 울음소리를 내며 전진한 작은 반란은 처절했던 절망의 깊이를 보여 준다. 아폴리네르를 포함하여 거대한 기계와 같은 근대건축을 발명하고 재건하여야 한다고 주장하며 미래주의 건축을 이끈 건축가 산텔리아Antonio Sant'Elia, 1888~1916[49]나 과거의 전통에서 벗어나 기계문명, 속도, 폭력, 감각의 세계를 찬미한 화가이자 조각가, 이론가인 보치오니Umberto Boccioni, 1882~1916 같은 이탈리아 미래주의 지도자들이 전쟁에 자진 참전하여 희생되었

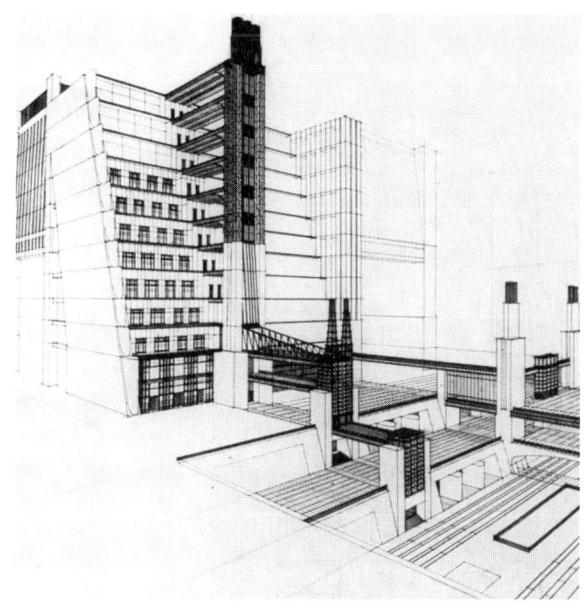

안토니오 산텔리아, 신도시La Città Nuova, 1914. 철도는 지하에 있고 비행기를 위한 플랫폼, 자동차 도로, 엘리베이터 등이 갖춰진, 처음으로 기계가 도시를 구성하는 다층의 도시를 제안했다.

카시미르 말레비치, 검은 사각형, 1915

지만, 기계적 세계를 향한 낙관주의는 변함없었다. 기계는 하나의 현실이었으며, 예술이 활용할 수 있는 잠재성을 여전히 제공하고 있었던 것이다.

 1917년의 소비에트 혁명은 20세기에 들어서도 여전하던 유럽 귀족주의의 잔재에 저항하여 빈발했던 사회주의 운동의 결정판으로서 정치적 충격뿐만 아니라 문화적으로도 엄청난 변화를 몰고 왔다. 승리한 공산주의자들이 봉건적이고 전근대적인 생활양식 자체를 부정함에 따라 인본주의 역사 이래로 전례 없는 공백기가 도래했다. 이러한 백지 상태는 미래지향적 예술 태동의 바탕이 되어 말레비치Kasimir Malevich, 1879~1935의 절대주의Suprematism[50]와 연계된 러시아 구성주의Constructivism[51]를 탄생시켰다. 모방하는 대상을 정신적

블라디미르 타틀린Vladimir Tatlin, 1885~1953, 3차 세계 공산당 대회를 위한 기념탑 모형, 1919~20. 당초 높이가 300m였던, 정적이고 질서정연한 균형이 잡힌 에펠탑에 대응해 높이 303m로 계획된 이 탑의 서로 얽힌 대수적 나선은 공산주의의 세계적 결속과 자유로운 인간 의지의 진보를 상징한다. 탑 안에는 느리게 순환하는 세 개의 이상적 입방체가 매달려 공산주의 조직의 다양한 원동력을 표현한다. 정육면체는 1년에 한 번, 피라미드는 1개월에 한 번, 원통은 하루에 한 번 회전한다.

으로 추상화함으로써 그 관념을 표현하는 예술의 속성 그대로 비대상성Non-Objectivity[52] 개념을 활용한 기하학적 추상화가 등장했다.[53] 그때까지 드러나지 않던 대상의 특성과 관계를 단순화시켜 드러내는 추상작업은 새롭고 다의적인 통찰과 의미를 전달할 수 있게 했다. 이제 '아름다운 가상'이기를 포기한 예술에 대해 파울 클레Paul Klee, 1879~1940는 현실이 끔찍해질수록 더 추상적이 된다고 했지만, 이 추상은 이성이라는 필터를 통해 우리를 실재에 가깝게 해 준다. 말레비치가 주창한 아키텍톤Architecton[54]의 요소와 부가적 방법, 새로운 관찰 시각은 건축에서 창의적 사고 형성의 지적 원천이 되었다. 예술의 본질적 사명인 인식, 탐구, 자기성찰의 면모를 드러낸 것이다.

1 카시미르 말레비치, 아키텍톤 알파 수평적 아키텍톤, 1923
2 로버트 반트 호프Robert Van't Hoff, 1917, 좌와 테오 반뒤스부르흐1919, 우의 아키텍톤 고타수직적 아키텍톤 연구. 이 두 사람 이외에도 화가 몬드리안, 조각가 반통겔루, 건축가 리트벨트와 반에스테렌 등 다수의 데스타일 대표 작가들이 구성주의에 가입하여 유사한 연구를 수행했다.

답사를 통해 시대정신에 눈뜨다

이러한 격동의 시기는 그 시대를 함께 호흡했던 르코르뷔지에의 개인적 진통과 직결됐다. 르코르뷔지에는 해발 1,000미터에 가까운, 주민 3만 명이 반(半)수공예로 시계 산업에 매달렸던 스위스 도시 라쇼드퐁에서 태어났다. 쥐라산맥의 지역적 특성이 반영된 아르누보 교육을 받은 그는 초기 자본주의 영향을 받아 수공업으로 제작되던 회중시계가 근대적 방식으로 생산되는 손목시계로 대체되기 시작함으로써 고향의 전통적인 경제적·사회적 구조가 흔들림을 목도했다. 또한 여러 차례의 장기간 건축 여행을 통해 지역적 한계를 넘어선 시각적 문화 습득과 산업혁명이 완수해 가고 있는 형태의 세계에 대한 충격을 경험하게 된다.

후일 파리에 정착한지 얼마 되지 않은 외국인으로서 활동기반이 약했던[55] 르코르뷔지에가 건축가로 자리 잡을 수 있었던 것은 그가 쓴 1920년대 저서들 덕분이었다. 이 저서들은 그가 동시대의 누구보다도 치열하게 당시를 장악했던 아카데미즘과 투쟁했음을 증언한다. 1928년에 《건축을 향하여》 3차 증보판을 찍으면서 〈고열상태〉라는 서문을 추가, 과거로 회귀한 아카데미즘의 농간에 의해 동점으로 공동 1위 작품으로 뽑혔던 자신의 국제연맹청사 건립 응모안1927, 제네바이 결국 배제된 상황을 맹렬히 성토했다.[56] 그의 눈에 아무런 시대적 고민 없이 시류에 편승하는 비겁한 건축가는 황산이나 독을 넣은 우유를 파는 장사꾼이었다.[57] 즉 거주자를 고통스러운 죽음에 이르게 하는 살인자 같을 뿐이었다. 더 이상 자신의 기원을 기억하지 못하는[58] 건축이 관습 때문에 질식되고 거짓인 양식들styles에 매몰되어 있음을,[59] 시대와 어울리지 않는 장식예술이 만연되어 있음을,[60] 과거 표절에 여념이 없음을,[61] 건축이라는 위대한 예술이 장식이라는 빈곤한 수단으로 연명함을,[62] 아카데미즘이 파리를 비롯한 세계의 대도시들을 위기에 빠뜨리는 위증자임을[63] 고발하는 등 당시를 철저하게 불신의 눈으로 바라보고 있음을 숨기지 않았다.

르코르뷔지에가 이렇게 1920년대 저서들에서 시대정신Zeitgeist과 관련된 남다른 시각을 갖출 수 있었던 배경에는 스승 레플라트니에Charles L'Eplattenier, 1874~1946의 교육이 있었다. 르코르뷔지에는 당시의 최신 미적 개념들과 추상

르코르뷔지에, 팔레 주택의 박공 디테일, 라쇼드퐁, 1905~06. 18세의 르코르뷔지에가 건축가 샤팔라René Chapallaz의 도움을 받아 고향에 설계한 최초 주택이다. 자연을 외면만 보지 않고 그 원인과 형태와 생기 있는 발전을 잘 관찰하여 새로운 장식을 창조하고 그것의 종합을 도출하고 대상물을 객관화시키는 이성의 훈련을 거친 산물로서 지역의 침엽수를 재창조한 문양이 박공에 나타난다. 이 작업으로 받은 사례금이 르코르뷔지에가 마침내 떠난 1차 여행의 밑천이었다.

화에 대해 폭넓은 식견을 지녔던 스승으로부터 자연의 본질을 양식화한 형태로 자연의 구성 원리를 파악한 기하학적 표현 연구 같은 선구적 교육을 받았다. 이와 더불어 1907년에 시작하여 1917년 파리에 정착할 때까지 행했던 여러 차례의 긴 답사 여행이 있었다.

1920년대의 책들에는 1907년의 이탈리아, 독일, 오스트리아 여행 동안 접했던 체험들이 나온다. 독립된 개인 공간을 잘 살린 공간 설계와 입방체의 평탄한 표면, 기하학적 형태 등에서 근대적 공동주택의 모델을 발견한 샤르트뢰즈 데마Chartreuse d'Ema 수도원 방문, 1908년 파리에서 오귀스트 페레로부터의 볼륨과 평면에서의 건축 개념을 바꿔놓을 가능성을 발견한 철근콘크리트 구법 학습 등과 함께 1910년 독일에 머물 당시 경험한 것들도 담고 있다. 이때 독일에서 그는 예술과 공업, 수공예를 통합해 공업제품의 질을 높이고자 설립된 독일공작연맹 인물들과 폭넓게 교류했다. 또한 베렌스 설계사무실에서 실무를 하면서 생산 조건과 연계된 근대적 공업 미학을 정의내릴 수 있었다. 이런 일련의 경험을 토대로 독일 건축가의 역동성과 역할을 명철하게 바라볼 수 있었다.

르코르뷔지에는 어릴 때부터 역사책, 예술비평 관련 책, 시집을 들고 다니며 즐겨 읽었다. 독서광이었던 그의 글쓰기 훈련은 유럽의 골짜기인 쥐라산맥 출신으로 지중해와 동방에서 겪은, 자신에겐 충격이고 계시와 같은 긴 여행에서 보고 느낀 것을 스케치와 함께 기록하고 그것을 편지로, 때론 충실한 보고서 형식으로 정리하여 부모님과 스승에게 보내면서 이미 시작됐다. 사진과 데생, 수채화가 결합된 다수의 여행 답사기는 여행이 끝난 지 55년, 그가 죽은 지 1년이 지난 1966년에 마침내《동방여행 Voyage d'Orient》이란 제목의 책으로 출간됐다. 1965년 8월 27일, 지중해 카프마르탱 Cap-Martin 해변에서 수영 중 심장마비로 갑작스런 죽음을 맞이한 르코르뷔지에는 그 해 여름에도 휴가지의 작은 별장에서 이 책의 편집을 구상하고 있었다. 오랜 세월이 지났어도 젊은 시절의 여행이 그에겐 잊을 수 없는, 여전히 생생하고 유효한 경험이었던 것이다.

여행을 통한 르코르뷔지에의 개안은 학창시절의 우정과 소신을 깨는 아픔과 더불어 무한히 신뢰했던 스승을 극복해야 하는 갈등을 수반했다. 그는 건축순례 여행을 통해 기계가 산업사회를 주도하고 있음을, 당시 전 유럽을 휩쓸던 아르누보의 장식과 오스트리아의 분리파 양식이 무의미함을 확신했다. 이러한 태도 변화에 따른 고뇌와 결심은 그가 스물한 살이었던 1908년 스승에게 보낸 편지에서 확인된다. 이 편지는《건축을 향하여》의 1923년 초판과 1924년, 1928년 증보판에는 없었으나 1965년 르코르뷔지에의 사망 다음날 그 존재가 알려져 1977년판 말미에 추가됐다.[64] 유럽 대륙을 두루 돌아다니며 모든 영역에서 감지한 불화의 징조를 짚고, 예민한 감수성으로 새로운 시대가 탄생했음을 간파했으며, 철과 시멘트라는 새로운 재료와 구법이 가져올 결과를 인식하고, 자신의 투쟁적 삶을 예견한 것이다.

이 편지는《오늘날의 장식예술》발간을 준비하며《레스프리 누보》의 글들을 추린 후 새로 써 추가한 마지막 장인〈고백〉과 관련 있다. 수공예에 치중했던 스승의 가르침에 흠뻑 빠져 있던 지난날을 회상하고, 더 넓은 세상을 찾아

아크로폴리스 언덕의 르코르뷔지에, 1911년 9월 15일. 주로 그림을 그리고 사색을 하면서 몇 주간 이곳에 머문 르코르뷔지에가 남긴 몇 장 되지 않은 사진 중 하나다.

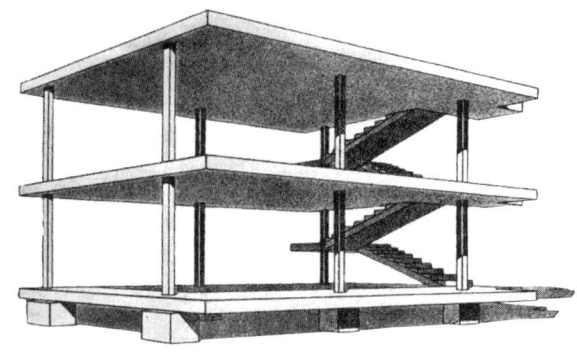

돔이노 구조. 앙네비크 시스템Hennebique system을 재해석한 것으로 유진 에너드 Eugène Hénard의 미래의 가로1910에서 유도된 고상도로의 개념이 적용된 필로티 도시 개념과 함께 1920년대 르코르뷔지에의 발전을 알리는 두가지 착상중 하나다.

배움의 길을 떠난 여행에서 여러 선각자들을 만나 기계와 예술 사이의 불협화음을 확인하며, 마침내 장식을 향한 경의를 철회했다. 또한 장식과 아무런 관계가 없는 건축을 빛 아래 나타나는 형태들의 놀라운 유희로, 일관적 정신 체계로 정의하며 수학적 관계를 설정하기에 충분한 기하학을 담고 있는 것이라면 규모와 중요도에 상관없이 건축이라고 설파했다.

이외에도 과거에서 교훈을 얻기 위해 박물관을 자주 방문하던 르코르뷔지에는 1907년 처음 파리를 방문했을 당시에는 실용화의 전례도 드물었던 철근 콘크리트 구조를 가르쳐 준 페레로부터 정신을 육성하는 수학을 공부하도록 권유받았다.[65] 1911년의 동방여행 때 방문한 아크로폴리스 언덕에서 감동을 일으키는 기계, 명확한 표현으로 이루어 낸 통일성, 능숙한 건설, 빛과 그림자의 조형물로 구체화된 가장 첨예한 순간이 빚은 무오하고 준엄한 윤곽, 수학적 질서가 주는 고차원적 감동에 대한 확신을 얻었다.[66] 1929년 강연을 위해 부에노스아이레스로 향하는 대서양 횡단 여객선에서 14일을 지낸 면적 15.75m²의 객실에서 사람의 몸을 기준으로 한 주거의 최소 단위와 공중가로 개념을 추출하고 공용 서비스로 인한 효율성을 발견했다.[67] 이런 경험을 토대로 저서 곳곳에 세상을 새롭게 바라보게 된 계기를 소개하고 자신의 변신을 변호하며, 체험을 내세운 설득으로 자신의 바뀐 견해가 타당함을 입증하고자 노력했다.

 1917년 파리에 영구 정착한 후 호구지책이자 철근콘크리트로 계획된 산업용 건물을 설계하는 산업 건축가와 공장을 경영하는 기업가로서 입지를 다지기 위해 서른이 되는 해 12월 르코르뷔지에는 함께 '돔이노Dom-ino 이론'[68]을 구상했던 막스 뒤부아Max du Bois와 협력하여 발전소의 부산물로 블록과 타일을 제조하는 공장을 차렸다. 하지만 자금난에 시달리던 이 공장은 1921년 광범위한 센 강 범람으로 인해 결국 문을 닫았고, 1923년 연이은 파산은 친구들과 부모에게 진 적잖은 빚을 남겼다.[69] 르코르뷔지에는 훗날 조직과 창조의 꿈을 꿨으나 당시는 자신과 같이 도처에서 파산하고 위기에 빠진, 통계 곡선이 광란에 빠진 때였다고 이 시기의 재정적 난국을 회상했다. 키를 꽉 잡아 미친 듯이 요동하는 용골을 지탱하기 위해 냉철한 이성과 의지가 발동되고 명확하고 초연한 판단력이 필요했던 어려운 시간이었다. 르코르뷔지에의 1920년대는 이렇게 쉽지 않게 열리고 있었지만, 암흑만은 아니었다.

화가이자 문필가 르코르뷔지에

1920년대에 이미 르코르뷔지에는 중요한 건축 이론들과 건축물들을 다수 생산했지만, 그의 사회적·문화적 위상은 건축가가 아닌 화가와 문필가로서 다져진 것이었다. 건축 행위는 왕성한 필력의 위력에 도움을 받는 입장이었다. 그가 1920년대에 화가와 문필가로서 활동하는 데 결정적으로 기여한 사람이 오장팡이다. 파리에 정착한 지 1년이 지난 1918년 봄에 르코르뷔지에는 페레의 소개로 오장팡을 만남으로써 다시 한번 크게 방향 전환된다. 파리 예술계에서 젊은 화가이자 비평가로 이미 이름이 알려졌던 오장팡은 르코르뷔지에의 사상과 의지에 목적과 방향을 잡아주었다. 르코르뷔지에는 자신의 발전과 성숙에 필요한 여러 조력자들을 만났는데 그 기회를 놓치지 않았다. 적극적으로 배우려는 자세를 견지한 열린 마음가짐이 우연을 필연으로 바꾼 것이다.

화가의 꿈

르코르뷔지에는 어렸을 때 건축과 건축가를 얕잡아 보고 싫어하며 화가가 되고 싶어 했다.[70] 그러나 열여섯 살 때 스승 레플라트니에로부터 화가로서의 자질이 없다는 쓰라린 충고를 듣고 스승의 권유에 따라 건축의 길로 들어섰

아메데 오장팡, 르코르뷔지에의 형 알베르 장느레Albert Jeanneret, 1886~1973, 르코르뷔지에. 라쇼드퐁에 르코르뷔지에가 부모님을 위해 설계한 주택의 스튜디오에서, 1919년 8월

다. 그러나 그는 건축가로 대성한 후에도 건축가보다 화가로 인정받는 것을 더 좋아했고, 화가로서 더 성공하지 못한 것을 아쉬워하곤 했다.[71] 그를 건축으로 이끌고자 한 스승의 회화 능력에 대한 부정적 견해와 달리 르코르뷔지에는 출중한 실력으로 고향생활과 여행 중에 많은 데생과 수채화를 그렸다. 비엔나의 호프만, 파리의 페레형제Frères Perret, 베를린의 베렌스 설계사무실 등 당대

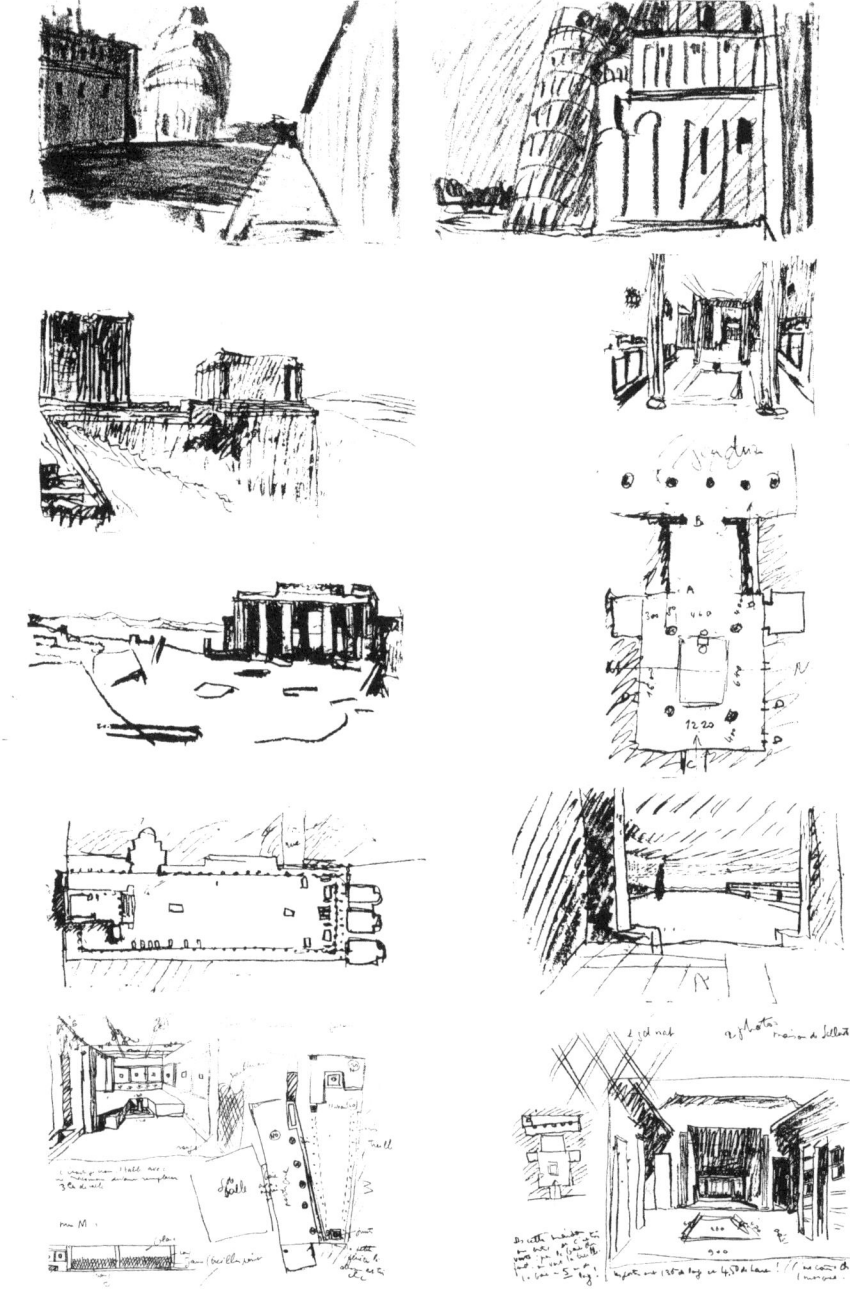

아테네, 폼페이, 피사를 답사한 르코르뷔지에의 스케치. 르코르뷔지에의 일생동안 발간된 여덟 권의 작품전집 중 첫 작품집 Oeuvre Complète, 1910-29은 르코르뷔지에가 답사여행 중 그린 스케치들로 시작된다. 건축가 르코르뷔지에에게 지대한 영향을 미친 답사여행과 그림의 영향력을 말해 주는 듯하다.

르코르뷔지에가 1907년 시에나Siena에 있는 성 요한 세례당을 그린 수채화. 답사 초기에 그는 많은 디테일과 장식을 집중적으로 그렸다.

최고 작업실에서 함께 일하자는 동의를 받을 수 있었던 것은 크로키 수첩에 든 빼어난 그림 솜씨 덕분이다.

 1918년, 31세의 르코르뷔지에는 오장팡의 격려로 뒤늦게 회화에 뛰어들었다. 함께 전시회를 열고 《큐비즘 이후 Après le Cubisme》를 공동 집필한 것은 어려운 사업과 창작열 사이에서 갈등하던 르코르뷔지에에겐 오랜 꿈을 이루는 신나는 행위였다. 그들의 활동은 그림을 통한 착시 현상 유발 거부, 투시화법의 폐기, 평평한 조형물과 기하학적 화풍을 통해 화면이 꽉 찬 포화상태 같이 보이는 것 등 입체주의 회화와 유사성이 많았다. 그러나 그들은 당시 미술계를 주름잡던 입체주의의 아성에 도전해 이를 주관적이고 비합리적이며 현실, 특히 시사성과 동떨어진 예술로 비판했다. 대신 이성적이고 질서정연하며 구조적인 예술로 순수주의Purisme를 제안했다. 회화와 건축을 병행하던 그에게 입체주의 화가들이 관심을 가졌던 투명성, 내·외부 공간의 상호관입, 회화의 4차원 개념 도입 같은 관념적 문제들이 비현실적으로 느껴졌다. 따라서 그 시대의 가장 명확한 특징인 산업적·기계적·과학적 정신에 입각해 엄격함, 정확성, 경제성을 미적 원리에 편입시키고자 시도했다. 르코르뷔지에는 단지 회화에서의 새로운 방향 정립뿐 아니라 '통합과 건설의 정신'이라는 근대적 정신 특성이 회화에서 드러나기를 원했다.

여기서 회화를 대하는 르코르뷔지에의 자세가 이후 살펴볼 그의 건축을 향한 자세와 이미 밀접함을 확인할 수 있다. 조형언어의 순수화 작업에 대한 욕구는 회화적 공간을 제어하고자 하는 의도와 함께 자연의 질서와 기계화된 세상의 질서를 표현하고자 하는 의도에서 촉발됐다. 예술의 원인인 질서에 대한 욕구를 인간 욕구 가운데 가장 고상한 것으로 여긴 그는, 명료성과 순수성의 예술, 지적 질서의 감동을 불러일으키기 위해 노력했다. 그는 자신의 회화

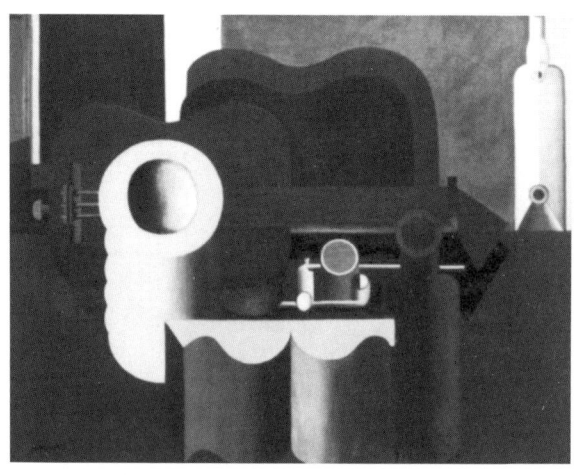

르코르뷔지에, 접시가 있는 정물화, 1920

르코르뷔지에, 숍 주택, 라쇼드퐁, 1914~16. 도미노 구조체계로 실현된 첫 주택으로 평지붕이다. 주택을 경어법으로 발상하는, 즉 궁전으로 구상하는 최초의 사례로서 팔라디오식 평면을 지녔다. 조정선을 활용한 기하학적 비례체계를 지니고 있으며, 외관 때문에 터키 주택Villa Turque으로도 불렀다. 르코르뷔지에는 이 주택의 지나친 공사비 상승 등으로 어려움을 겪으며 파리를 그리워했다.

작품에 이론적으로 규명된 질서를 지닌, 명상을 통해 감동할 수 있는 평범한 물품들을 표현 대상으로 선택했다. 이때 이미 르코르뷔지에는 수학적 질서가 주는 감동의 유발이 예술품의 첫 번째 기능이며, 조형적 즐거움이란 모두 기하학 체계에서 비롯됨을 주장했다.

르코르뷔지에가 예술과 기계 세계의 연계성을 염두에 두고 회화적 공간과 그림 속의 질서를 잡기 위해 활용한 것은, 건축에서처럼 기하학이었다. 확실한 형태 조화를 창조하여 전체에서 구성적 시정을 불러일으키는 데 기하학이 기여한다고 여긴 것이다. 1918년부터 1924년까지 그림을 통해 형태와 색채 연구를 열심히 한 결과는, 아직은 서툴렀던 숍 주택Villa Schwob, 1916~17 계획에서 벗어나 이후 르코르뷔지에의 건축 작품이 지닌 특징인 명확하면서도 풍성한 건축 형상으로 나타났다. 이는 1922년 이후 주택 계획들에서 보이는 차이이기도 하다. 1930년대 이후부터 새로운 언어를 찾아 훨씬 더 개방된 레퍼토리를 구사했던 그는 말년에 자신의 삶에서 회화의 의미를 설명했다. 자신의 예술 창

그리면서 강연을 하는 르코르뷔지에, 밀라노, 1953

조 비결은 1918년부터 날마다 그린 회화 작품에 있고, 자신의 연구와 지적 산물의 배경에는 끊임없는 그림 그리기가 있으며, 여기서 정신의 자유로움, 자신의 불편부당함, 독립성, 성실성, 작품에서의 완벽함의 원천을 찾아야 한다는 것이다. 그는 1961년 콜롬비아대학에서도 "나는 말하는 것보다 그리는 것을 더 좋아합니다. 그리는 것은 거짓말 할 여지를 줄여 주지요"라고 하며 여느 때처럼 줄곧 그리면서 강연을 진행했다.[72] 그림과 그의 정신은 늘 함께 했던 것이다.《프레시지옹》으로 정리된 아르헨티나 강연에서도 열두 장의 큼직한 종이를 걸어 놓을 받침대와 그림이 그려진 종이를 강연 중 한 장씩 떼어 순서대로 걸기 위해 무대를 가로지르는 줄을 설치하여 청중들이 그림을 보면서 자신이 설명하는 생각의 단계를 이해하는 데 도움을 주었다.[73] 이때 그려진 그림들을 모아 책에 그대로 실었는데, 다른 강연에서도 이렇게 남긴 많은 그림들이 오늘날 그의 생각을 생생히 증언한다. 슬라이드는 구식이 됐고 동영상을 포함해 빔 프로젝터를 이용한 강연이 일반화된 요즘에 비해서도 당시의 프레젠테이션 방식이 설득력이나 생동감에서 크게 떨어지지 않았을 것 같다.

르코르뷔지에가 열등감을 내비치면서까지 회화의 세계를 부러워한 것은 온갖 제약에 시달리며 작업해야 하는 건축가의 입장에서 가졌던, 마음껏 새로운 표현 방식을 탐구하며 예술을 선도하던 당시 회화에 대한 경외심 때문이었을 것이다. 인상주의 회화의 개척자인 마네Édouard Manet, 1832~83는 재현을 포기함으로써 고전회화에서 주체에 종속됐던 형태나 색채 같은 의미 정보가 현대예술에서 형식 요소 자체가 가진 아름다움, 즉 미적 정보로 넘어가는 변화의 기로에 서게 했다. 형태가 해체되어 색채의 빛으로 환원되는 모네Claude Monet, 1840~1926는 원본이 아닌 인상을 그림으로써 시뮬라크르의 놀이 속으로 현실의 견고함을 사라지게 했다. 쇠라Georges Seurat, 1859~91의 점묘화는 비개성적인 순수한 색채의 색점을 이용한, 색채시각에 관한 과학적 연구였다.

세잔느Paul Cézanne, 1839~1906는 기하학적 근본 형태와 가장 가깝고 색이 가장 순수하며 표면이 빛과 풍부하게 조화되는 과일을 그린 일련의 정물화 연구에서 현상의 우연 속에 숨어 있는 근원적 형태와 운동감을 찾아냈다. 연이은, 생트 빅투아르Sainte Victoire 산을 그린 일련의 풍경화 연구에서는 자연적 현상을 순수한 형태로 이해하고 순수한 형태의 내부에 미적 감동을 자극하는 신비한 힘이 존재함을 발견했다. 이러한 형태의 공고화와 기하학적 순수 볼륨을 자연 현상이 주는 변수 아래에 회화가 고정시키는 상수의 이미지, 즉 기하학적 순수 형태로 상기시킴으로써 세잔느는 입체주의와 순수주의, 절대주의나 칸딘스키Wassily Kandinsky, 1866~1944의 회화 같은 추상 운동의 시조가 됐다.[74] 앙드레 말로André Malraux, 1901~76가 세잔느를 가리켜 "20세기의 모든 건축을 예견했다"[75]고 한 이유가 여기에 있다. 피카소Pablo Picasso, 1881~1973가 대상으로부터 형태를 해방시키자, 마티스Henri Matisse, 1869~1954는 색도 더 이상 대상에 종속될 필요가 없다며 대상에서 색채를 해방시켰다.

마치 바벨탑 사건 이전 아담의 언어가 내재되어 있는 것처럼, 새로운 시도가 담긴 이런 회화들은 국경을 초월해 폭넓게 공감됐다.

"오늘날 회화가 다른 모든 예술을 앞서나갔다. 선두주자로서 회화는 시대와의 장단을 일치하기에 이르렀다"[76]는 르코르뷔지에의 언급에서 시대에 뒤처진 건축을 선도해야 할 사명을 느낀 그가 전파력이 강한 회화 작업의 실험성에서 뒤처지고 싶지 않아하는 마음을 읽을 수 있다. 프랑스 예술사회학을 연 프랑카스텔Pierre Francastel, 1900~70은 "미술의 목적은 보이는 사물chose vue을 캔버스에다 옮겨 놓는 것이 아니라, 알고 있는 사물chose sue을 캔버스에 옮겨 놓는 것이다"라고 지적했다. 파울 클레가 "현대회화는 가시적인 것을 재현하는 것이 아니라 비가시적인 것을 가시화한다"라고 한 말도 같은 맥락이다.

추상, 표현, 레디메이드, 초현실주의 같은 근대예술에서 표출된 재현을 넘어선 정신성은 그림을 면이 아닌 공간으로 여기게 했다. 그리는 구조물을 형태적이고 색채가 가해진 조직체로 생각하면서[77] 언제나 자신의 그림을 건축─도시계획과 예술, 더욱 특별히 회화와 조각 같은 순수예술 사이의 조형적이고 지적인 완전한 평형의 표명[78]으로 여긴 르코르뷔지에에게 회화의 분투는 자신의 지적·예술적 탐구욕을 달구는 자극제였을 것이다. 콜린스Peter Collins는 추상예술의 이데올로기를 탐구로서의 예술, 목적 그 자체로서의 예술, 근대성 표현으로서의 예술, 전위주의로서의 예술, 순수예술로서의 예술로 정리했다.[79] 비록 르코르뷔지에가 추상화를 직접 그리지는 않았지만 1920년대 그의 건축에서 느껴지는 추상성은 이 추상예술의 이데올로기와 맥을 같이 한다.

조형 연구에서 공간과 모든 것의 비례를 제어하는 데 깊은 관심을 보였던 르코르뷔지에는 1946년부터 뒤늦게 조각가 사비나Joseph Savina, 1901~83와 함께 조각 작업도 병행했다.

1 조각 작업실에서의 르코르뷔지에모자 쓴 이
와 사비나, 1963
2 르코르뷔지에, 조각 No 5, 1947

 "공간을 관리할 필요성에 충실하면서 건축, 조각, 회화 각각은 적절한 방법으로 특수하게 공간에 속해 있는데, (중략) 미적 감동의 비결은 공간적 함수다"[80]라는 언급과 같이, 그는 단순히 한 덩어리 형상으로서의 조각이 아니라 자체에 공간을 내포하고 또한 그것이 위치한 장소에서 공간적 역할을 하는 조각을 생각했다. 1940년대에 그린 데생을 위주로, 때로는 인도를 여행하며 그린 크로키들을 밑그림으로 하여 '빛 아래에 있는 형태들의 연구'를 수행했다.

글쓰기, 건축 작업의 길잡이

 1920년대 르코르뷔지에의 건축 정의가 담긴 저서들의 근원인《레스프리 누보》는 최대 3,500부까지 발행되어 유럽 각국은 물론 멀리 미국과 일본까지 화가, 조각가, 건축가, 의사, 변호사, 교육자, 기술자, 기업가, 은행가 등 다양한

르코르뷔지에, 보크레송 주택,
보크레송, 1922~23

직업을 망라한 정기구독자를 확보, 혁신적 시각을 제공하며 커다란 영향력을 행사했다.[81] 급변하는 사회와 경제의 새로운 원리들을 다방면으로 이해할 필요를 느낀 당시 진보적인 사회지도자들의 공통 관심사를 《레스프리 누보》가 충족시켜 준 것이다.[82]

반면에 1920년대에 30대 중반부터 40대 중반을 보낸 르코르뷔지에의 건축가 경력은 상대적이지만 일천했다. 이 10년 동안 그는 준공을 기준으로 스물세 개의 프로젝트를 신축 또는 증축했는데, 페삭(Pessac) 주거단지를 제외한 대부분은 주택 정도의 소규모 작업이었다. 20세기의 건축 관련 저술 중 가장 중요한 결과물로 여겨지는 《건축을 향하여》를 발간했던 1923년 당시 그는, 1908년에 발표된 아돌프 로스의 논설 《장식과 범죄》를 1921년에 뒤늦게 《레스프리 누보》 2호에 불어로 번역 게재하면서[83] 받은 교훈을 통해, 마침내 숍

르코르뷔지에, 오장팡 주택, 파리, 1922~24. 큰 창이 있는 상부에는 화가인 오장팡의 아틀리에가 있었다.

주택의 왕관cornice마저 걷어 낸 단순한 상자형의 보크레송 주택Villa Vaucresson, 1922~23을 건설했고, 오장팡 주택Villa Ozenfant, 1922~24을 시공 중이었다.

1920년대 초반, 제도권 내에서 정통 건축교육을 받지 않았고 파리에 정착한 지 몇 년 되지 않은 외국인인 르코르뷔지에에게 주택설계를 의뢰했던 사람들의 면모를 살펴보면 화가이자 문필가로서의 그의 활동이 문화예술계에서의 교류 폭을 넓혀 주었음을 알 수 있다. 전술한 오장팡을 비롯해 예술가인 립시츠Jacques Lipchitz, 미차니노프Lipchitz Miestchaninoff, 테르니지앙Paul Ternisien, 플라넥스Antonin Planeix, 수집가 베스뉘G. Besnus, 라로슈La Roche, 미국인 저널리스트 또는 수집가인 쿡W. Cook, 처치H. Church, 슈타인 드몬지Stein de Monzie, 아마추어 미술가 프뤼제Henri Frugés 등이 이 모험심 강한 젊은 건축가에게 자신의 집 설계를 의뢰했다. 1923년을 전후해 르코르뷔지에가 수주한 주택 대부분이 이런 예술 행위자나 수집가 같은 예술 애호가와 후원자들에 의해 발주된 것에서 건축가로서 그의 작업이 화가나 문필가로서 행한 활동 덕을 적잖게 보았음을 확인할 수 있다. 이러한 건축주 면면은 또한 당시로서는 재료나 공법, 미학적으로 매우 낯설었을 르코르뷔지에의 건축적 실험이 대부분의 경우 보수적 성향이 짙을 가능성이 높은 건축주들에게 어떻게 용납될 수 있었을까? 라는 의문에 대한 답이기도 하다. 뜻이 통하는 건축주와 건축가의 만남이 아니었으면 실현되기 어려웠을 만큼 르코르뷔지에를 포함한 당시 아방가르드들은 소수자였으며 사회의 보편적 인식에 한참 앞서 있었다.

1920년대 르코르뷔지에의 화가, 문필가로서 활동에 오장팡이 있었다면,[84]

1 르코르뷔지에, 자크 립시츠 주택, 블로뉴 쉬르 센, 1923~25
2 르코르뷔지에, 플라넥스 주택, 파리, 1924~28
3 르코르뷔지에, 라로슈-알베르 장느레 주택, 파리, 1923~25
4 르코르뷔지에, 슈타인 드몬지 주택, 가르슈, 1926~28
5 르코르뷔지에, 프뤼제 근대 집합주거단지, 페삭, 1924~26

건축가로서 활동에는 아홉 살 연하의 사촌동생 피에르 장느레Pierre Jeanneret, 1896~1967가 있었다. 그는 파리 세브르가 35번지35, rue de Sèvres에 설계사무실을 개설한 1922년부터 르코르뷔지에와 함께 일했다. 재학 중 건축과 조각, 회화 세 전공 모두에서 1등상을 받을 정도로 학구열과 예술적 재능을 겸비한 피에르는 자신의 비판적이고 실용적인 정신을 발휘하여 르코르뷔지에의 창의적인 아이디어와 계획안을 성취시키기 위한 구체적 해결책을 찾았다. 권위적이고 감정적이며 이론가이자 분석가로서 형태와 아이디어에 관심이 많았던, 이미 유명해진 르코르뷔지에는 기술적 혁신에 유의하며 실용적이면서 창의적인 감각을 타고 난 피에르 덕분에 1920년대 많은 시간을 자신의 건축 작업에 영감과 확신을 불어 넣어 준 글쓰기에 할애할 수 있었다.[85]

르코르뷔지에는 1920년대에 시트로앙CitrohanI과 시트로앙II 같은 실험적 프로젝트를 제외하면 10년 동안 60여 건의 지어지지 않은 계획안을 설계했고 28건을 완공시켰다1920년대 후반에 설계되어 1930년대 초반에 완공된 다섯 건 포함. 1925년 이전까지는 한해 평균 6건 정도의 작업에 그치다가 《레스프리 누보》가 중간되고 이 잡지에서 비롯된 《도시계획》, 《오늘날의 장식예술》, 《근대회화》가 집중적으로 발행된 1925년 이듬해인 1926년에만 16건의 설계를 새로 시작한 사실도 그의 글쓰기 작업의 여세가 건축 작품 활동과 무관하지 않았음을 보여준다. 프랑스 건축사가 코앙Jean-Louis Cohen, 1949~은 르코르뷔지에의 활동을 끊이지 않는 호기심을 바탕으로 한 로고스 중심주의적logocentrique 활동이라고 묘사했다.[86] 제자로, 친구로, 동역자로 르코르뷔지에를 30여 년간 가까이서 지켜 본 건축가 보젠스키 André Wogensky, 1916~2004는 르코르뷔지에의 책들을 치밀한 관찰과 개인적 감성, 자신이 경험했던 감동을 포함한 논의와 그가 극복해야 했던 어려움 등을 엮은 아이디어의 폭발이라고 했다.[87] 1944년에서야 건축가협회에 등록될 때까지 학위도 자격증도 없었던 외국인 건축가가, 설득력 있는 화법話法에 자신의 이론화 능력을 동원하여 건축물에 담긴 의도들을 진솔하게 드러낸 저작물 덕에 쉽지 않은 건축가로서 출발을 하게 된 것이다.[88]

열띤 호응과 엄청난 반대를 동시에 불러일으킨 1922년 〈300만 거주자를 위한 현대도시 계획안〉[89] 전시, 1925년 파리 장식예술박람회에서 주최 측의 방

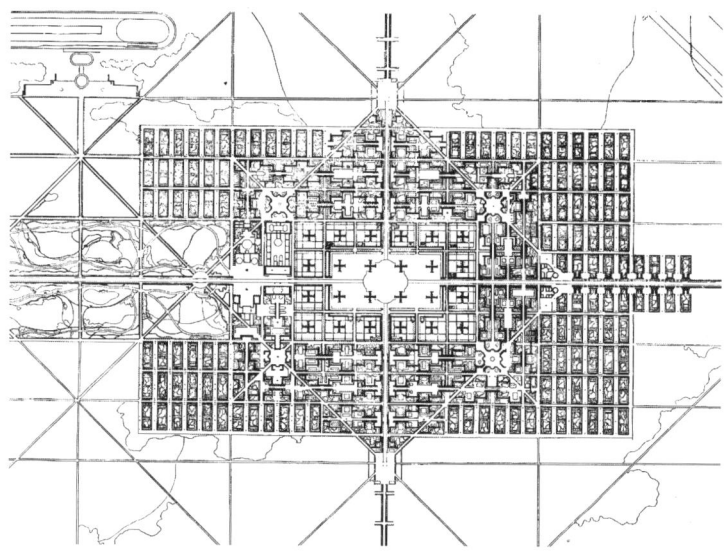

르코르뷔지에, 300만 거주자를 위한 현대도시 계획안 배치도, 1922

르코르뷔지에, 300만 거주자를 위한 현대도시 계획안 디오라마, 1922

해로 건설이 무산될 뻔 했고 지어진 후에도 둘러쳐진 가림막 철거 여부를 두고 발생했던 레스프리 누보 전시관Pavillon de l'Esprit Nouveau에서의 소동,[90] 국제연맹청사 신축을 위한 경쟁에서 근대건축 역사이론가 기디온과 함께했던 항의 등도 국내외적으로 그를 건축적 논쟁의 중심인물이 되게 했다. 정확하고 비타협적이고 반항적인 인물로서 아카데믹한 주류에 맞선 것이다. 이러한 투쟁과 《레스프리 누보》에 타틀린의 제3세계를 위한 기념탑 같은 러시아 구성주의 작품을 우호적으로 소개한 연으로 러시아 공산주의자들과 긴밀한 유대관계를 맺기도 했다. 덕분에 유럽 국가로 봐서는 반체제적인, 볼셰비키 기관으로 소련 협동조합 본부인 센트로소유즈 청사Centrosoyuz Building, 1926~36[91] 건설을 위한 현상설계에 당선되어 모스크바에 건설하기도 했다. 르코르뷔지에를

르코르뷔지에, 레스프리 누보 전시관 외관, 파리, 1924~25

찬미하고 그를 통해 근대건축이 성취할 수 있는 바를 소비에트 민중들에게 보여 주기를 원했던 베스닌Vesnin 형제[92]와 긴스부르그Moïse Guinsburg, 1892~1946[93] 같은 소련 아방가르드들이 도운 것이다.

　그러한 그가 마르세유에 지은 위니테 다비타시옹Unité d'habitation, 1945~52[94] 준공식 날 눈물 흘리는 모습이 담긴 사진을 남겼다. 당시 프랑스 의학협회 회장이었던 정신과 의사가 "벽에 머리를 박게 하는 빈민굴이자 정신병을 일으키게 하는 돼지우리"로 비난하고, 위생고등위원회와 공공건강성에서는 위생법을 어겼으므로 이 건물을 철거하라는 소송을 제기할 정도로 많은 반대가 있었

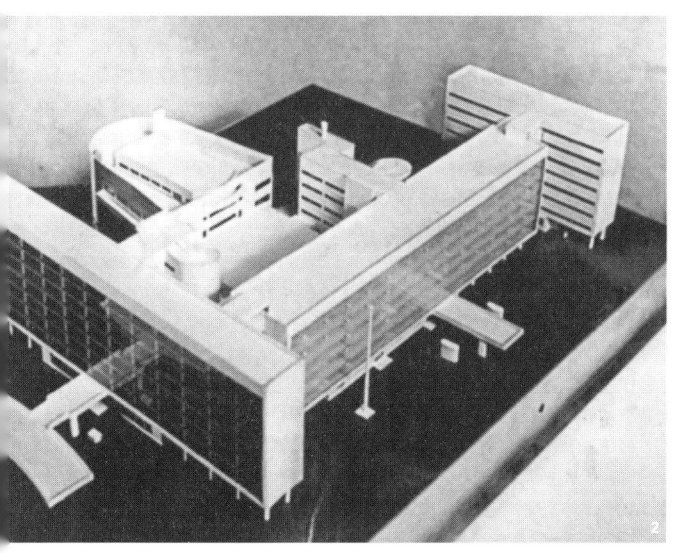

1 레스프리 누보 전시관 내부. 전통이나 낡은 관습으로서의 '가구'가 아닌 '주택의 장비'가 설치되어 있다. 공장 생산된 금속제의 표준선반이 매일 정확하게 사용되는 장소의 목적에 따라 배치되어 방에 최대한의 여유를 남겼다.
2 르코르뷔지에, 센트로소유즈 청사 모형, 모스크바, 1926~36

르코르뷔지에, 마르세유 위니테 다비타시옹의 옥상, 마르세유, 1945~52

마르세유 위니테 다비타시옹

다.[95] 또한 완공 때까지 일곱 차례나 주무부서인 재건성 장관이 교체되는 위기를 넘기고 마침내 레지옹 도뇌르 훈장까지 받으며 준공하는 감회 때문이었을까? 그러나 르코르뷔지에 자신도 한번은 가까운 협력자들을 불러 "내가 실수하고 있는 것은 아닐까? 마르세유 위니테 다비타시옹 주민들은 행복할까? 당신 같으면 빛나는 도시 Ville Radieuse에 살고 싶겠어?"라고 질문했었다는 증언[96]은 그도 때로는 회의에 빠지기도 하며 끊임없는 자기반성과 성찰을 했음을 보여 준다.[97] 보젠스키의 평가처럼 르코르뷔지에는 차분하면서도 예민하고, 권위적이면서도 수줍고, 투쟁적이면서도 평화적이고, 완고하면서도 이해력이 있고, 거칠면서도 신사적이고, 활동적이면서도 명상적이고, 자기중심적이면서도 관대하고, 자부심이 강하면서도 겸손하고, 이성적이면서도 신비주의적이고, 견실하면서도 감정적이고, 총명하면서도 순진하고, 바빴으나 자유롭고 고독했다. 그런 그에게 도전과 좌절, 쟁취의 거칠고 모난 시기였던 1920년대에 심혈을 기울였던 글쓰기 작업은 자신의 사고체계를 정리하고 발전시키는 데 중요한 길잡이였다.[98]

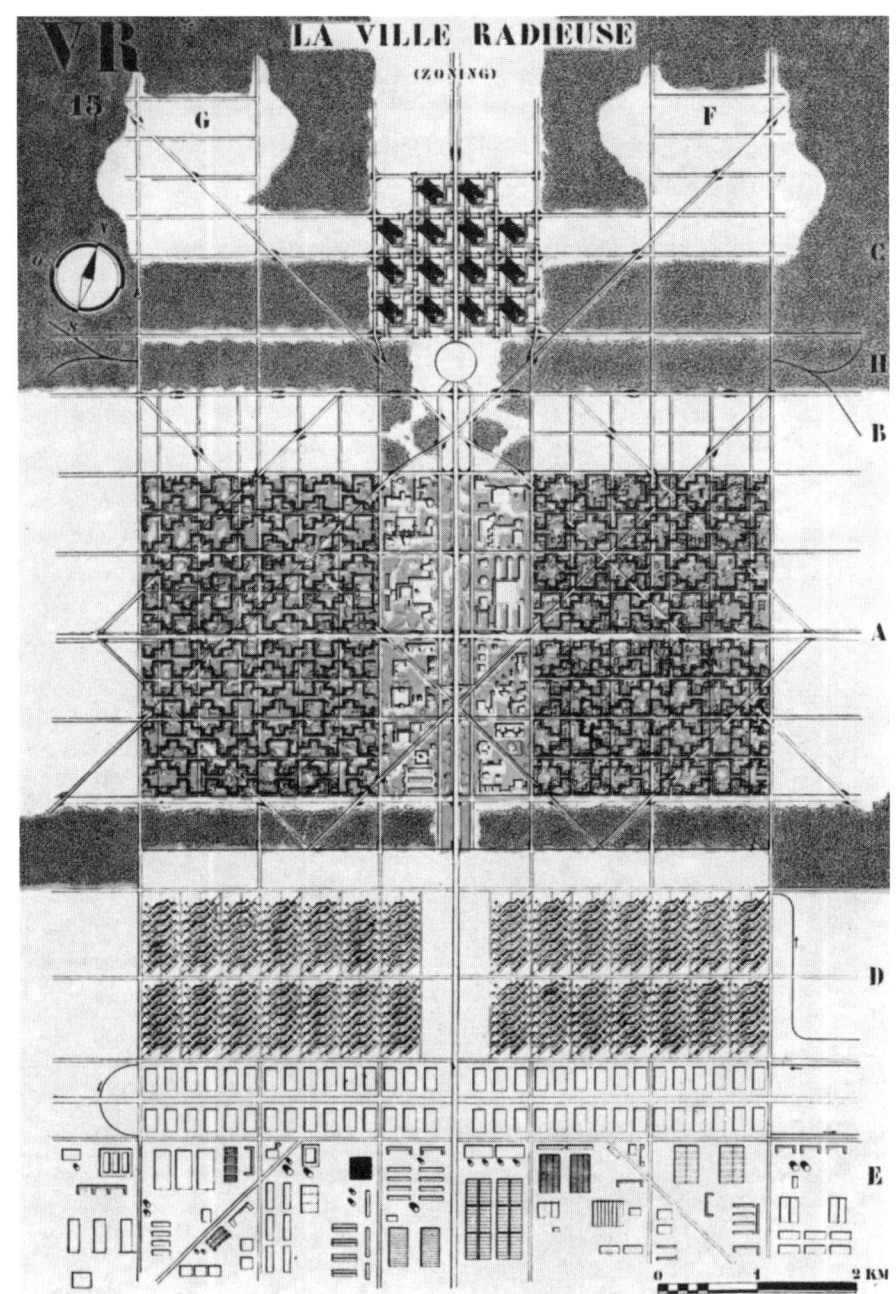

르코르뷔지에, 빛나는 도시, 1930년 브뤼셀에서 개최된 근대건축국제회의 C.I.A.M.에 제출된 연구 도면

기계와 건축

　기계는 도구의 발전된 형태로서 어떤 원동력에서 출발해 적절한 효과를 산출해 내는 조합된 메커니즘의 집합이다. 17세기 이래로 기계는 물리학의 모델이 되었는데, 자연 전체가 하나의 '거대한 기계'와 동일시되어 데카르트는 "이 거대한 기계^{자연}에는 오직 기하학적 형태와 그 부분들의 운동이 있을 뿐이다"라고 설파했다.[99] 인간과 동물의 신체 같은 생물학적 현상들도 이 규칙에서 벗어나지 않았는데, 데카르트 이후 기계를 모델로 해서 세계를 이해하려는 시도는 계속되어 왔다.

기계를 보는 혜안

　건축가는 지배적인 감정과 그 심오한 의미, 즉 사회에 확산된 그 시대의 시대정신을 통찰력으로 발견하고 표현해야 한다. 새로운 시대정신에 합당한 새로운 건축을 향한 르코르뷔지에의 열망은 기계가 주는 교훈에 대한 깊은 이해를 전제로 한 것이다. 당시 산업계를 주도하기 시작한 기계를 르코르뷔지에는 이 세상에서 정신의 개혁을 수행하는 근대적 현상[100]으로 받아들였다. 앞에서 여러 선각자들의 기계에 대한 태도가 언급됐는데, 르코르뷔지에는 새로운 건축을 위해 필요한 정신이, 기계시대에 대한 올바른 인식과 아울러 기계의 속성에 대한 자각에서 비롯된다고 보았다.

"인간사에서 새로운 요소인 기계는 새로운 정신을 일으켜 왔다. 한 시대는 자신의 건축을 창조한다. 이 건축은 사고 체계의 선명한 이미지다."[101]

"기계시대의 위대한 삶은 사회를 밑바닥까지 감동시켰고……."[102]

"근대 현상인 기계는 이 세상에서 정신의 개혁을 수행한다."[103]

"기계화가 모든 것을 뒤바꿨습니다."[104]

같은 기계를 향한 거듭된 경의 표출은 그가 산업시대의 총아인 기계의 속성에 내재된 잠재력에 깊이 매료되어 있었음을 보여 준다.

이러한 책 속의 개별 문장뿐 아니라 다수의 장들이 직접 시대정신을 함축한 기계를 다루고 있다. 《건축을 향하여》에서는 첫 장인 〈엔지니어의 미학과 건축〉에서부터 〈보지 못하는 눈〉, 〈대량생산주택〉까지 줄곧 기계시대의 도래를 언급한다. 곡물 저장탑이나 토목공학의 성취물인 교량 같은 구조물이 보여 주는 엔지니어 미학과 함께, 독일공작연맹 연감에서 새로운 산업 시대의 주요한 기술적 구성원으로 이미 인정받은 대형 여객선, 비행기, 자동차 같은 기계화된 수송수단에서 새로운 시대의 양식이 이미 존재함을 확신한 것이다. 당시 대다수 사람들이 건축을 포함한 예술의 핵심으로 매혹됐고 의지했던, 기계미학과 대척점에 있던 장식예술은 물에 빠진 사람이 폭풍우 속에서 부여잡는 지푸라기[105] 같은 허망한 구원일 따름이었다. 르코르뷔지에가 신대륙 남미에서 행한 열 번의 강의를 정리한 《프레시지옹》이 〈모든 아카데미즘으로부터의

해방〉, 〈기술은 시적 감흥의 기반이며 건축의 새 시대를 연다〉는 주제로 시작한 것도 그가 새로운 건축을 위해서는 먼저 올바른 시대정신을 우선시하고 있음을 보여 준다.《오늘날의 장식예술》의 〈기계의 교훈〉과 〈건축의 시간〉 같은 장도 동일한 맥락에서 이해할 수 있다.

이와 같이 산업혁명, 사회혁명, 정신혁명, 이 모든 것이 조장된 지난 100년[106] 동안 급속도로 발전하여 당시 사회를 빠르게 개조하며 모든 것을 전복시킨 기계[107]를 향한 그의 느낌은 일상생활을 통해 정당화되는 바와 같이 존경과 감사, 존중이었다. 거기에는 도덕적 감정마저 깃들어 있었다.[108]

르코르뷔지에가 기계에 대한 경애심을 갖게 된 것은 핵심을 파악하는 그의 혜안에서 비롯됐다.

"기계에 의해 두드러진 정밀성의 시대를 반영하는……."[109]

"기계류는 엄격한 선택으로 이끄는 필수 인자인 경제성을 내포하고 있다."[110]

"이제부터는 기계가 불변의 정확성과 가차 없는 엄격함을 선언한다는 것을 알아야 하기 때문이다."[111]

"우리를 좋은 감각으로 데려가는 기계장치들과 진리의 첫 접촉인 단순함에의 심취와……."[112]

같은 문장들은 그가 작동 메커니즘에 주목한 기계에서 정밀성, 경제성, 정확성, 엄격성, 순수성, 단순성, 논리성 같은 건축이 본받아야 할 현대적 덕목을 발견했음을 말해 준다. 원인과 결과의 순수한 관계라는 기계가 주는 교훈으로 인해 내포된 순수의 미학, 정확성의 미학, 표현 관계의 미학이 우리 정신의 엄밀한 기계장치를 가동시킬 수 있음을 간파하고[113] 돌아가는 모든 기계는 현재의 진리[114]라고까지 말했다. 이와 같은 기계의 속성과 기계에 함축된, 그것을 만드는 인간이 사용하는 선택, 의도, 의지와의 정열적인 연동連動을 신뢰한 것이다.

이러한 기계를 향한 호의로 그는 기계시대의 생산품을 새로운 정신으로 충만한 작품[115]으로, 순수를 지향하며 우리의 감탄을 자아내는 자연의 객체들과 동일한 진화법칙을 따르는 유기물로,[116] 고귀한 시정을 지닌 현실적인 사물로[117] 받아들였다. 산업가들은 현대미학의 가장 활동적인 창조자였다.[118] 세계를 기계시대로 급속히 방향 전환시킨 이탈리아 미래주의자들 이전에 이미 "미학자들은 경시하지만, 야성적 힘의 승리라 할 수 있는 이 육중한 덩어리 속에는 거장의 그림이나 조각상에서와 마찬가지로 많은 사상과 지성, 궁극성, 한마디로 요약하자면 '진정한 예술'이 내재한다"며 기계미를 격찬한 프랑스 철학자 수리오 Paul Souriau, 1852~1926 만큼이나 기계에 호감을 보인 문장들이 르코르뷔지에의 저서들에서 거듭 등장하며 강조된다. 대형 여객선에서 조용하면서도 생명력이 넘치고 강한, 대담성과 단련, 조화와 아름다움이 발현됐음을 발견하고,[119] 비행기에서 부양하고 추진하는 수단을 공기에서 찾은, 즉 제대로 제기된 문제에서 해결책을 찾을 수 있다는 교훈을 얻었으며,[120] 자동차에서 분석과 실험을 통해 논리가 보증된 기반 위에서 설정된 표준을 통해 완벽성에 맞서야 한다고 자각한 것[121] 등이 그것이다. 르코르뷔지에의 깨어 있는 의식이 시대정신에 합당한 건축을 갈망하게 한 것이다.

1918년에 발표된 《큐비즘 이후》에 나오는 "기계는 작업에 혁명을 가져오면서 거대한 사회적 개혁의 씨앗들을 심는다. 정신에게 이전과는 다른 조건들을 부과하면서 기계는 정신에게 새로운 방향을 제시해 준다"[122]는 말은 기계와 작업에서의 새로운 조직체계의 등장이 이미 《레스프리 누보》를 함께 꾸려 간 오장팡과 르코르뷔지에가 함께 행했던 숙고의 출발점이었음을 보여 준다. 기계로 대변되는 과학과 예술의 근접성에 대해 수긍하는 태도도 이때 분명히 나타났다.

"아무것도 과학과 예술 사이에 양립되지 않는 모순이 있다는 가정을 하도록 우리에게 용납하지 않는다. 그들은 방법만 다를 뿐이지 하나는 다른 하나처럼 우주를 방정식으로 세우는 목적을 갖고 있다."[123]

이 말에서 오장팡과 르코르뷔지에가 우주 속에서 자연을 법칙에 의해 통제되는 기계로서 보편적 조화가 이상적으로 구현된 완벽하게 질서체계를 갖춘 것으로 여겼음을 알 수 있다. 이것은 우주의 신비로운 해석을 합리적이고 실증적인 설명으로 대체하는 것이었다. 자연과 그 법칙의 저변에 깔린 질서체계의 표현은 예술가에게는 조화와 미의 원천이었으며, 과학자들에게는 진리의 구현이었다. 예술가와 과학자는 상수와 불변적 요소에 대한 연구를 통해 자연법칙을 정의한다는 동일한 목표를 갖고 있었다. 과학은 "알려지지 않은 곳까지 질서체계를 알리면서"[124] 예술을 발전시켰다는 것이다. 예술가는 관찰과 자신의 감수성 덕분에 숨겨진 법칙들을 예감한다. 예술가는 그것들을 형태로 구체화하여 지각될 수 있게 했으며, '미의 영역'을 확장시켰다.[125]

총체적 관점에서의 기계

르코르뷔지에가 기계를 통찰한 관점이 얼마나 전방위적이고 총체적이었는지를 이성주의자, 실용주의자 및 기능주의자의 시각으로 나눠 기계를 보는 관점의 차이를 설명한 베네 A. Behne 의 분류[126]에 의거해 살펴보자.

먼저 기계를 하나의 이상적인 완벽한 체계로 보는 데서 르코르뷔지에의 기계에 대한 이성주의자적 관점을 볼 수 있다. 그는 기계를 자신이 중시하는 개념인 표준화와 유형을 대표하는 것으로 생각하고 어떻게 구성, 조립되고 각 부분은 어떤 관계를 갖는가에 주목했다. 그리고 인간의 이해와 지각능력을 초과해 버린 기계의 성취에 놀란 가상의 인물 폴Paul의 입을 빌려 "완벽함의 영역에서, 인간은 하나님처럼 행동한다"[127]며 기계를 높이 평가했다. 그러나 현실적인 눈을 지닌 그가 여기서 말하는 완벽함이 더 이상의 성취가 있을 수 없는, 결점이 전혀 없는 완전함을 뜻하지는 않을 것이다. 이런 견해는 르코르뷔지에가 《건축을 향하여》의 〈보지 못하는 눈〉 자동차 편에서 "우리는 완벽성의 문제에 맞서기 위해 표준을 설정해야 한다"는 문장으로 시작하여 "그러나 우리는 완전함의 문제에 대처하려면 무엇보다도 먼저 표준의 설정을 목표로 삼아야 한다"는 문장으로 마친 데서 확인할 수 있다.[128] 이후의 〈표준과 유형〉 장에서도 재론되겠지만, 그는 완벽함을 추구하기 위한 수단인 표준이 어떤 이상적 결론에 닿아 완전무결한 기준이 쉽게 정립될 것이라고 여기지 않았다. 필요에 의해 어떤 기계가 고안됐을 때 당시 기술로는 만족스러운 수준이므로 완제품으로 생산된다. 얼마 지나지 않아 더욱 완벽한 기계에 대한 욕구가 생겨나고 완벽함을 지향하는 표준 자체는 지속적인 연구를 통해 끊임없는 개선을 요구받는다.

르코르뷔지에가 또한 시간, 일, 에너지 절약 등 경제적 측면으로 기계를 보는 실용주의자의 시각도 갖고 있었음을 그의 책 여러 곳에서 파악할 수 있다. 그는 기계류 자체에 이미 선택을 요구하는 경제적 요인이 내포되어 있음을 포착했다. 엄밀한 선택으로 이끄는 필수 인자인 경제성이 중요하다는 것이다.[129] 그는 이 문장 앞뒤에 모든 현대인들이 기계에서 존경, 감사, 존중과 도덕적 감정을 느낀다고 적었다. 이 내용은 당시의 주택이나 가구에서처럼 건축이 더 이상 어떤 필요에 대응하지 못하고[130] 치장과 과시에 치우쳐 있을 때, 문제를 제대로 제기하여 부양하고 추진하는 수단을 공기에서 찾아 마침내 날 수 있게 된 비행기처럼, 주택의 문제도 제대로 제기할 필요가 있다고 생각하고 '주택개론'을 제시했을 때 그 결론으로 한 말이다.[131] 산업 제품의 경쟁은 품질과 함께 가격이 승패의 중요한 요인이 된다. 이때 기계에 필수적인 덕목인 경제성은 건축에도 마찬가지여서 개념에서부터 이전의 것과 달라져야 할 현대주거를 기대하고 있음을 알 수 있다.

무겁고 미숙한 손 작업을 기계에 위임했으며 기계를 독창적이고 믿을 수 없을 만큼 능률적인 노예 민족으로 묘사한 것에서도[132] 기계를 보는 실용주의자적 관점이 드러난다. 기계가 마치 노예처럼 조용하고 완벽하게, 주저하지 않고 인간을 위해 일하며 윤이 나고 극히 순수한 가공품을 생산한다는 것이다.

집은 살기 위한 기계이며 건물은 일을 위한 기계[133]라고 한 르코르뷔지에의 말은 집과 건물이 자신의 역할을 기능적이자 효율적으로 수행하는 기계처럼 본분을 다할 수 있어야 함을 의미한다. '살기 위한 기계'라는 말이 격렬한 분노를 불러일으켰다면 그것은 모든 이의 마음속에 명백하게 기능, 효율, 작업, 생산의 개념을 상징하는 '기계'라는 낱말이 포함됐기 때문일 거라고 판단한 데서도[134] 기계에 대한 실용주의적이며 기능주의적인 관점이 확인된다. 그는 꿈에 현실성을 부여한 기계 덕분에 이제 인간은 자유로워진 정신으로 자유롭게 일하고 명령하면 된다고 믿었다.

기계를 유기체와 흡사한 움직이는 도구로 보는 기능주의자적 관점은《프레시지옹》에서 르코르뷔지에가 현대주택 계획을 설명하기 위해 지지를 위한 골격, 활동을 위한 근육, 영양을 공급하고 기능하기 위한 장기臟器 같은 인체 그림을 이용하는 데서 찾을 수 있다.[135] 이것은 '새로운 주택의 5원칙'에 더하여 붙박이 수납장이 겸비된 현대주택 계획의 해결책을 설명하면서 프레임, 차체, 연료 공급과 배기 기관을 갖춘 엔진이 자동차 구조로 비유되고 이와 함께 직접 그린 인체 해부도가 생물학적으로 비유될 때 함께 제시됐다.

《오늘날의 장식예술》에서도 조류의 상세 소화기관 그림과 꽃잎의 단면 상세도가 비행선 곤돌라의 내부 그림과 함께 제시됐다.[136] 이는 모든 것이 보편적인 원칙에 따라 배열되어 있으며 또한 모든 유기체는 두 극단 사이에서 기능적이며 규격을 확립하는 하나의 기준에 맞춰 연관되어 있음을 천명한 것으로, 역시 기계를 유기체와 흡사한 움직이는 도구로 본 사례다.

이렇게 기계를 유기적으로 생각한 르코르뷔지에는 기계 기술의 창조물 또한 순수를 지향하며 우리의 감탄을 자아내는 자연의 객체들과 동일한 진화법칙을 따르는 유기체로 생각했다.[137] 경제성에 의해 지배되고 물리적 필요성에 따라 조절된 조화를 지닌 이 유기체는 양심과 지성, 정확성과 상상력, 과감성과 엄격함으로 전 세계에서 제작된다. 르코르뷔지에는 이제 인간은 기계에 열광하고 그 아름다움을 알게 되는데, 이때 기쁨의 감각은 조직화된 존재를 알아보는 데서 온다고 여겼다. 그가 보기에 이처럼 기능주의자적 관점에서 본 기계는 살아있는 생명처럼 놀랍도록 능숙하고 결코 실수하지 않으며, 행동이 완전하고, 힘세거나 우아한 짐승들처럼 조직화된 존재였다.[138]

이와 같이 현실생활 속으로 맹렬히 진입한 기계의 놀라운 능력과 모습이 부각되는 현상에 현혹되지 않고 실존을 넘어 본질을 꿰뚫어 보는 르코르뷔지에의 혜안은 그로 하여금 기계에 대한 깊이 있는 관찰을 통해 새로운 건축이 본받아야 할 교훈을 다방면에서 이끌어 낼 수 있게 했다.

기계에 대한 객관적 자세

기계에 대해 이와 같은 속 깊은 견해를 보인 그가 당시 일부에서 나타난 기계를 향한 맹목적이고 무조건적인 수용에 경종을 울렸다는 사실은 주목할 만하다. 지나친 기능주의나 그것이 비록 기계에서 비롯됐다 하더라도 특정 미학만 고집해서는 안 되며 건축가로서 균형 감각이 필요하다는 것이다.

르코르뷔지에는 당시의 자신에게 어울릴 것 같은 '기능주의'나 '합리주의'란 용어를 저널리스트들이나 쓰는 용어라며 싫어했다. 건축은 당연히 기능적이어야 하고 만약 그렇지 않다면 쓰레기일 뿐인데[139] 굳이 무슨 주의-ism라고 할 필요가 있느냐는 것이다. 마찬가지로 건축의 형태는 합리적 정당화를 필요로 할 뿐 아니라 과학으로부터 그 자체적인 법칙을 끌어냈을 경우에야 비로소 정당화될 수 있다는 신념으로서 건축적 형태는 본질적으로 구조적인 형태라고 확신한 합리주의도 그에게는 건축이라면 당연히 지녀야 할 속성일 뿐이었다. 물론 과학적 합리주의 자체는 현실에서 제기되는 문제들을 해결할 수 있는 효율적인 수단이다. 건축가에게 이 과학적 합리주의는 세상을 지배하는 물리적·과학적 원리를 가시화할 때 아름다울 수 있다는[140] 미적 감각의 변화를 가져와 건축가가 사용하는 방법론, 구체적 재료 및 기술의 매우 과학적이고 합리적인 사용을 전제한다.

그럼에도 그가 이런 용어들을 경계한 것은 이런 집단적 경향들이 건축에 제한을 가하거나 관례가 되는 것을 꺼려했기 때문일 것이다. 그의 능력은 관례나 기존의 행동하고 보는 방식, 판에 박힌 일을 제거하는 데서 생겨났다. 오스트리아 건축가 바그너 Otto Wagner, 1841~1918가 "근대예술은 우리의 세기와 우리 삶의 방식을 표현하는 새로운 형태를 우리에게 제공해야 한다"며, "기능적이지 않은 어떤 것도 아름다울 수 없다"[141]고 한 확고한 주장은 당시의 기능과 미의 근접성과 연관되어 확산된 인식을 보여 준다. 그러나 르코르뷔지에는 1928년에 첫 출간된 저서 《주택-궁전 Une Maison-un Palais》에서 "오늘날 재능 있는 젊은이들 대부분은 미학이라는 단어조차도 거부하는 경향이 있다. 그들은 실용적인 기능들에 대한 엄격한 연구로 스스로를 제한함으로써 자신들의 작품을 정제하려 한다. 그것은 수많은 세대를 현혹시켜 공허한 형식적 문구로 우리를 되돌려놓으려는 것이다. 유용한 것은 아름답다. 이 얼마나 공허한 논리인가!"142라고 염려하며 기능에 충실함으로 아름다울 수 있지만 반드시 기능적이어야 아름답다고는 믿지 않았다. 기능에만 너무 집중하는 것을 경계한 것이다. "미의 역할은 유용성의 역할에 예속되어 있지 않다. 이것들은 서로 다른 두 가지다"143 라는 언급도 마찬가지다. 그는 기능을 매우 중시하고 합리성을 소중히 여겼지만, 어떤 경우든 타성화, 관습화만큼은 경계했다. 바우하우스 창립자인 그로피우스가 언젠가 '바우하우스 양식Bauhausstil'이란 말이 나오면 자신들의 시도는 실패한 것이라고 말한 것도 동일한 이유에서일 것이다. 새로운 시대에 걸맞은, 복제 가능한 원형prototype을 구상하고 그것을 산업 생산하려는 과정에서 장식이 배제된 매끈한 면으로 이루어진 단순하고 선적인 형태에 이르러 마침내 바우하우스 양식이 등장하는 것을 막을 수는 없지만, 그만큼 관습화를 조심한 것이다.

르코르뷔지에는 기계의 중요성을 인지하면서도 경각심 또한 잃지 않았다. 그는 자신의 세계도시Cité mondiale 계획안1929 중 하나인 지구라트 형상의 문다네움Mundaneum, 세계박물관, 1929이 역사주의적·형태주의적·기념비적이라는 과오를 저질렀다고 비평을 가한 신즉물성Neue Sachlichkeit144의 아방가르드들에 대응한 글에서 이렇게 말했다.

"기계시대가 예술과 건축을 꼼짝없이 제거해 버렸다. 오늘날 신즉물성의 아방가르드들은 '건축'과 '예술'이라는 두 단어를 죽이고 '건설하다'와 '삶'으로

르코르뷔지에, 세계도시 계획안의 디오라마, 제네바, 1929. 우측의 지구라트 형상이 문다네움이다.

대체해 버렸다."[145]

  그는 자신이 인정하고 좋아하는 러시아 구성주의자들의 실수라면 예술 작품을 기계와 닮게 하려고 한 점이라고 했다.[146] 러시아 구성주의 중에서 가장 독단적인 '분파'와 이탈리아 미래주의 및 일부 다다이즘[147]이 인공적 '사물'에 의해 창출된 새로운 자연공업 생산품을 예술 창작을 위한 기본 소재로 받아들이면서도 여전히 모사의 원리에 기초한 사고방식으로 반응한다는 타푸리

Manfredo Tafuri, 1935~94의 지적[148]도 마찬가지다. 예술이 기계를 닮는 데 관심이 있을 리는 없다. 단지 우리 눈이 순수한 형태들에 매혹됐기 때문에 불변하고 영원한 인간적 감동이라는 목적을 지닌 예술을 위해 순수의 미학, 정확의 미학, 표현 관계의 미학이 우리 정신의 엄밀한 기계장치를 작동시키는 것이다. 르코르뷔지에가 역사주의적·형태주의적·기념비적이라고 비난을 받은 문다네움을 계획하면서 동시에 당시로는 가장 전위적이라 할 수 있는 센트로소유즈 건물을 모스크바에서 진행한 것은 그가 맹목적으로 기계를 닮은 이미지를 모방한 것이 아니라, 기계의 속성에 내재된 교훈을 제대로 분별하여 활용하는 것이 목표였음을 보여 준다.

그러나 지상과 지하에서 차와 철도가 대중화되고 하늘에는 비행기가 날아다니던 1920년대의 건축 현실은 마차와 소달구지의 시대처럼 뒤처져 있었다. 당시 대부분의 건축가는 급변하는 시대에 무감하여 과거 건축의 재생에 만족했다. 르코르뷔지에의 1920년대 책에 자신을 비난하는 기사 여러 편이 원문 그대로 실려 있는 것에서 알 수 있는 것처럼, 반동적인 움직임은 선명했다. 어떤 이는 자신의 소신대로 "황금비 section d'or와 기하학적 비례배분 이론 같은, 요컨대 형태주의적 관점으로 고려했을 때 역사적 양식들에서 연역된 것처럼 보이는 모든 미학적 공식들이 정당하지도 않고 우리 시대에 지지할 수도 없다"고 주장하기도 했다.[149]

이 책에서 전제한 바와 같이 르코르뷔지에의 각종 이론은 인간이 인간 자신의 본질적인 사명에 다가가는 과정인 역사와 전통을 기반으로 새로운 건축의 면모를 추구해 나아갔다. 우리는 앞에서 기능주의나 합리주의 같은 용어를 르코르뷔지에가 싫어했음을 보았다. 1920년대 그의 백색 순수주의 건물들에 한정시켜 보면 건축계에서 비판적·조소적 냄새가 풍기는 용어인 형태주의formalism가 그의 작품에 해당되는 듯이 보인다. 그러나 르코르뷔지에의 건축적 성찰과 실천이 주고받는 철학이 오늘날까지 생명력을 생생히 유지하는 것은 그의 사고가 단순히 형태적 관점을 넘어 훨씬 더 근원적인 문제들을 다루고 있기 때문이다.

남에게 보이기 위한 관광용으로 박제된 축제가 아니라, 주민들이 전통을 지키며 진심으로 함께 즐기며 참여하는 축제여서 보는 이로 하여금 감동을 자아내는 이탈리아 시에나의 팔리오 축제Palio di Siena[150]처럼, 진짜만 진정한 힘을 갖는다. 르코르뷔지에는 문다네움 세계미술관과 센트로소유즈 빌딩이라는 판이한 발상을 동시에 진행할 수 있었으며, 도미니크회 형제단이라는 동일한 건축주에게 일견 감각적이고 비합리적인 형태의 롱샹 순례자 성당Chapelle Notre-Dame-du-Haut, Ronchamp, 1950~55에 연이어 직각에 기초한 기하학적 구성으로 지극히 합리적으로 보이는 라투레트 수도원Sainte-Marie-de-la-Tourette, Eveux-sur-

르코르뷔지에, 롱샹 순례자 성당, 롱샹, 1950~55

르코르뷔지에, 라투레트 수도원,
에뵈쉬르라브레슬, 1953~60

l'Arbresle, 1953~60을 제시할 수 있는 인물이었다. 이것을 고려하면 그를 특정 형태나 미학만 고집하는 완고한 인물로 쉽게 단정하기는 어렵다. 유리 건축을 주로 하는 건축가들 대다수는 도난과 자외선이 가져오는 위험성 등의 단점 때문에 유리 표피가 선호되지 않는 미술관이나 박물관을 설계할 때도 대부분 외피 재료로 일단 유리를 선택한 후 그에 따른 단점을 보완하는 방법을 택한다.[151] 이렇듯 건축가들의 작업 성격 자체가 요구되는 건축 유형의 조건을 충족시킬 때 자신이 평소에 구사해 온 건축적 스펙트럼 내에서 해결하려는 성향이 강함을 감안하면, 각각의 진정성이 담긴 르코르뷔지에의 작품들에 적용된 재료나 구법, 형태와 공간 구축 등에서 발견되는 유사성만으로 그를 매도할 수는 없다. 이 책의 여러 곳에서 르코르뷔지에가 공산주의자나 그 정반대인 파시스트, 또는 기능주의자, 형태주의자, 반역사주의자로 간주되는 데 대한 견해를 밝히는 바와 같이, 나는 오히려 미셸 푸코Michel Paul Foucault, 1926~84가 1982년 자신의 저서 《공간, 지식 그리고 권력》에서 그가 자유로운 건축을

경사지 위로 필로티 위에 얹힌 통로가 떠 있는 라투레트 수도원의 중정

라투레트 수도원의 장방형 부속성당 측면에 붙은 그랜드 피아노형 기도소

위해 노력했다는 평가에 동의한다.

    라투레트 수도원의 예를 보자. 엄격한 배치와 외관 속에 담긴, 주로 독방이 있는 최상부 두 층의 규칙적 반복성과 이 두 층이 만드는 수평성과 음악가면서 12년간 르코르뷔지에 사무실에서 일했던 크세나크시스 I. Xenakis, 1922~2001 와 함께[152] 음악의 악절에 근거하여 디자인한 불규칙하게 파동치는 수직적 유리 패널과의 절묘한 대비, 필로티 위의 들림과 경사진 땅에서 순차적으로 건물이 아래로 내려오면서 결국 부속성당에서 지면에 굳건히 뿌리 박기까지 볼륨 구성상의 음악적 율동감, 경사지에서의 필로티 사용과 수도원과 부속성당 사이의 이격으로 인해 중앙 외부 공간에서 벌어지는 공간의 한정과 확장의 적

라투레트 수도원의 부속성당 내부

절한 배합, 불투명성과 투명성의 상관관계, 내·외부에서 물성이 억제된 투박한 단일 재료에서 풍겨나는 경건함과 엄숙함, 단순 반복적인 요소와 눈길을 끄는 조형적 요소의 적절한 배분, 외부 형태와 내부 공간성에서 공히 느껴지는, 장방형 부속성당의 정형성 및 단순성과 기도소crypt의 자유로운 비정형성의 대비, 색채를 머금은 아름다운 빛 유입 같은 풍부한 건축적 의도는[153] 그의 정신이 자유로움을, 좋은 건축에서 행해져야 할 바에 충실했음을 보여 준다.

르코르뷔지에는 당시의 시대정황을 잘 보여 주는 1925년 파리에서 개최된 장식예술박람회의 프로그램을 "잘못된 조화, 날조, 속임수"라고 강하게 비판했다.[154] 유독 건축만이 기계화의 방식에서 여전히 동떨어져 있다는 그의 탄식[155]은 인습적인 교육과 기성세대의 그릇된 가치관에 의해 왜곡된 건축관을 새롭게 정립할 필요성을 강하게 느끼고 있음을 보여 준다. 그는 주택은 작업할 때 신속하고 정확하게 하기 위해 효과적인 도움을 우리에게 주는 기계이자 안락함이라는 신체의 요구를 만족시키기 위한 근면하고 세심하게 배려된 기계라고 했다. 또한 명상하기 편리한 장소며, 최종적으로 아름다움이 존재하고 없어서는 안 될 정신적 평안함을 가져온다고 하면서 주택이 명상, 미의 정신, 이를 통제하는 (또한 이 아름다움의 버팀목이 될) 질서에 관계되는 사람을 위한 것이 될 때 비로소 건축이 될 수 있다는 의미에서 "주택은 살기 위한 기계 La maison est une machine à habiter"라고 말했다.[156] 보수적인 아카데미 회원들은 부동성, 가족 보금자리의 상징인 주택을 기계와 연계시켰다고 분노했고, 진보적인 전위 예술가들은 서정성에 빠져 기계를 배반했다고 그를 비난했다.[157] 그는 우파에게는 공산주의자로, 좌파에게는 파시스트로 몰렸다.

그가 이런 공격에 처하게 된 것은 정치적 처세에서 그가 보인 변덕도 이유가 된다. 코앙은 소련 공산주의, 이탈리아 파시스트 정부와 독일의 프랑스 점령기 때의 비시Vichy 정부, 프랑스 사회주의 정부 등 정파를 가리지 않고 봉사했던 르코르뷔지에의 정치적 편력을 자신의 권두언 〈100개의 얼굴을 가진 인물The Man with a Hundred Faces〉 중 "The Political Animal"이란 소제목으로 소개했다.[158] 반면에 오랜 기간 르코르뷔지에와 함께 일한 보젠스키는 그가 정치에 무관심하여 프로젝트를 실현시키지 못한 사례들을 들며 그가 본태성적으로 비정치적이었다고 증언한다.[159] 르코르뷔지에도 자신의 건축이 모스크바에서는 자본주의적·소부르주아적이라는 비난을 받았고 파리에서는 볼셰비키라는 소리를 들어야만 했다고 불평한 바 있다.[160] 비시 정부와의 모호한 관계 때문에 의심을 받아 전후 대규모 재건사업에서 따돌림 당하던 르코르뷔지에에게 롱샹 순례자 성당과 라투레트 수도원 설계를 의뢰한 신부이자 예술이론가 쿠튀리에Alain Couturier, 1897~1954는 그의 이런 행태를 개인적 이익 추구가 아닌 인간 생활을 바꾸기 위한 노력으로 이해했고, 자신의 작품을 실현시키기 위해서라면 악마와도 타협할 수 있는, 정치가가 아닌 꿈을 좇는 사람, 개혁가, 기술자로 이해했다.[161]

이와 같이 보수와 진보 양 진영 모두에서 공격을 받기도 했던 르코르뷔지에가 내린 건축에 대한 정의들은 건축을 다방면으로 숙고한 결과지만, 전체를 모아 정리해 보면 개별적 참신성과 꿈틀대는 에너지와 함께 상호간 긴밀한 상관성과 일관성이 뚜렷하다. 정의 대부분이 기존의 건축 관련 용어를 빌려 내려졌지만, 우리가 주목하는 내재된 의미와 실천 방법론에 함축된 내용은 근원적으로 다르다.

르코르뷔지에의
건축 정의

물질적 측면에서의 건축

기능과 조직으로서의 건축

기능 중시 사고

1920년대의 저서들에서 시대정신을 강조하기 위해 르코르뷔지에는 대량생산, 합리화, 기계시대의 도래로 인한 산업화, 비행기나 선박 또는 자동차가 주는 교훈,[162] 요구에 응하는 유형으로서의 가구,[163] 정신의 개혁을 수행하는 근대 현상인 기계가 주는 교훈을 거론했다. 즉 원인과 결과의 순수한 관계이자 순수성, 경제성, 지혜를 향한 집중인 기계가 보여 주는 순수의 미학, 정확성의 미학, 표현 관계의 미학에 대한 찬탄,[164] 시적 감흥의 기반으로 격상한 기술이 건축의 새 시대를 열 것이라는 주장[165] 등은 시대정신의 자각에서 비롯된 새로운 건축의 바탕에 '기능' 중시 사고가 있음을 시사한다. 앞에서 르코르뷔지에의 기계에 대한 인식과 함께 자신이 주동자 중 한 명으로 여겨지는 기능주의에 대한 태도를 살펴봤지만, 결코 그가 기능의 중요성을 간과한 것은 아니었다.

건축 개념으로서 기능의 의미에 관한 최근 연구는 20세기에 들어서서야 기능이라는 용어가 건축에 쓰였음을 각종 문헌자료를 통해 논증하고 있다.[166] 여기서 저자는 그 이전까지 사용됐던 용어인 '용도'를 치환한 건축에서의 '기능'에는 건축가들이 건물을 통해 사용자들의 생활을 변화시키겠다는 의지가 반영됐다고 결론짓는다. 기능, 기능주의의 가치관을 통해 건축가가 사회적 조직을 형성하는 주체로서의 의미를 찾음으로써 건축가의 사회적 책임과 위치를 규정했다면서 기능이 20세기 건축에 새로운 의미를 부여하는 중요한 용어임을 적시하고 있는 것이다.

1920년대의 여러 건축 선각자들처럼 새로운 건축을 통한 사회개혁을 꿈꿨던 르코르뷔지에는 "건축은 깨달음을 얻은 의지력의 행위로서 기능과 대상의 질서 체계를 세우는 행위"라고 정의하며 수행해야 할 기능을 "빈틈없는 해결책"으로 가지런히 바로잡아 질서를 부여하는 것에서 건축이 시작한다고 말한다.[167] 구조화된 집합에서 하나의 요소나 부분 또는 기관이 수행하는 역할인 기능function과 그 기능을 담는 물질적 존재인 대상objet의 위계화가 건축 행위라는 의미로 이해할 수 있다.

르코르뷔지에는 인간의 각종 계획을 담는 유용한 그릇들, 즉 기계시대의 발전 궤적을 거침없이 보여 주는 건축이 기능을 통해 만들어진다며 '건축은 기능'이라고 단언하면서 새로운 시대가 왔으며 인류 역사의 한 장이 넘어간 징조를 분명한 증거를 통해 보여 주고자 했다.[168] 과거 건축이 지녔던 폐단인 허식을 떠나 평범한 사람을 위한 주택을 연구하는 것을 인간적 기반, 인간적 척도, 필요형, 기능형, 감동형을 되찾는 것으로 여긴[169] 그는 인간의 척도와 기능을 탐구한 결과 '표준standard'과 '유형type' 개념을 들고 나왔다.

표준과 유형

르코르뷔지에는 모든 사람은 동일한 유기적 조직체를 가지고 동일한 기능을 하며 동일한 요구를 지니고 있다고 생각하여, 인간의 작품 속에 표명되는 질서에의 욕구인 표준을 근거 있는 분석과 실험을 통해 논리가 보증된 확실한 기반 위에서 설정하고자 했다.[170] 실용적이고 합리적인 모든 가능성들을 철저하게 규명하고, 최소한의 수단과 일손, 재료, 표현, 형태, 색채, 소리 등으로 최대의 효율을 내며 기능에 적합하다고 인정된 형을 추론했다.[171]

앞에서 《건축을 향하여》의 〈보지 못하는 눈〉 자동차 편이 "우리는 완벽성의 문제에 맞서기 위해 표준을 설정해야 한다"는 문장으로 시작하여, "그러나 우리는 완전함의 문제에 대처하려면 무엇보다도 먼저 표준의 설정을 목표로 삼아야 한다"로 끝남을 언급한 바 있다. 여기서 그는 지속적인 연구를 통해 끊임없이 개선되며 당시 기술의 최대치인 새로운 표준을 따라 대량생산되는 자동차의 전례前例를, 표준을 선택한 신중한 선택의 산물인 파르테논에서 찾았다. 파르테논의 건축가 페이디아스Pheidias, BC 480~430 추정[172]처럼 논리와 분석, 면밀한 연구의 산물로서 명확하게 규정된 문제에 기초한 표준에 의해 제어되는 건축[173]의 가능성과 성공을 믿은 것이다.

그러나 르코르뷔지에는 자신이 추구한 표준이 어떤 이상적 결론에 닿아 완전무결한 기준이 탄생할 것이라는 환상에 빠지지는 않았던 것으로 보인다. 그에게 표준이란 앞서 말한 것처럼 지속적인 연구를 통한 끊임없는 개선을 필요로 하기 때문이다. 그는 표준이 설정되면 즉각적으로 극심한 경쟁이 일어나기 시작함을[174] 예리하게 포착했다. 경기에서처럼 승리하기 위해서는 전체 윤곽과 디테일 같은 모든 부분에서 상대방보다 더 잘 만들어야 한다는 것이다. 이러한 경쟁은 연구에 박차를 가하게 하고 그 결과 진보를 이룬다고 보았다. 르코르뷔지에가 표준을 완결형이 아닌 진행형으로 보는 자세는 기억해 둘만하다. 이어 고찰할 유형 역시 진행형임은 마찬가지다.

《오늘날의 장식예술》의 〈유형으로서의 요구, 유형으로서의 가구〉에서 르코르뷔지에는 인간 수족으로서의 사물이 유형으로서의 요구에 응하는 유형으로서의 사물임을 직시하고, 유형으로서의 요구를 연구하여 유형으로서의 기능을 파악한 뒤, 이것에 의한 유형으로서의 가구를 생산하자고 주장했다.[175] 인간 척도와 인간의 기능을 탐구함으로써 인간적 요구(이 요구가 유형이다)를 정의하여 '장식품으로서의 가구'가 아닌 완벽한 유용성과 편의성을 지닌 '도구로서의 가구'를 꿈꾼 것이다. 이 도구는 우리를 위해 변함없이 봉사하는 하인이나 머슴과 같다. 집안일을 하는 장치의 한 부분으로서 도구의 유일한 조건은 이렇게 잘 봉사하는 것이다.[176]

《프레시지옹》의 〈가구의 모험〉도 마찬가지로 평균치를 통해 표준 기능, 표준 필요, 표준 목적, 표준 크기를 구함으로써 인간의 요구인 유형을 정의하여, 일정하고 일상적이고 규칙적인 기능에 들어맞는 가구 생산을 주장했다. 가구를 사회적 지위와 축재 수준을 알리는 수단으로 보지 않고, 도구이자 인간의 필요를 채우는 봉사자로 보는 의식[177]은 다음 장인 〈현대주택계획〉에서 분류, 치수, 동선, 구성, 비례 연구를 통한 표준적이고 정확한 기능들이 성취되고 충족되는 건축으로 연결된다. 신분이나 부의 과시용으로 거추장스럽던 가구가 내부가 잘 짜인 붙박이 수납장으로 대체됨으로써 가구는 더 이상 집주인의 개인적 취향으로 선택하는 인테리어 대상이 아니라 건축의 공간성과 호흡을 같이 하며 내부 동선과 장면 연출에도 기여하게 된다.

르코르뷔지에가 바람직한 수준인 표준을 찾아 그 표준에 합당한, 형태나 구조 등에서 일정 기준에 따라 유사성이나 동일성이 포착되는 유형을 도출하고자 하는 시도에서는, 인간적 요구까지 일정한 틀에 맞춰 일률적으로 정의하려는 과욕이 엿보인다. 1911년 여러 나라의 국경을 넘나들면서 마음에 새겼던, 종족은 다양하지만 인간의 근본은 다르지 않다는 생각 때문이었다. 이는 거대한 수구적 주류에 맞서는 소수자로서 건축을 통한 사회개혁을 꿈꿨던 당시 선구적 예술가들의 힘겨운 투쟁의 단면으로 이해할 수 있다. 그렇더라도 그들이 때로 간과했던, 더 이상 동질성을 지니지 못하는 사회에서 집단의 선도善導에 집중한 나머지 자신의 환경에 대해 자율성을 지닌 살아 있는 유기체인 개인을 상대적으로 경시하는 것처럼 보이기도 한다.

이러한 우려에도 불구하고 끊임없는 개선을 전제로 한 표준이나 유형 연구에 많은 시간을 기꺼이 바쳐 건축과 도시 문제를 해결하기 위해 헌신했던 그의 선의만큼은 믿을 수 있다. 표준과 유형은 모두 최대치를 찾는 통계적 의미를 담고 있는 용어다. 르코르뷔지에는 《프레시지옹》에서 여러 차례 통계의 중요성에 대해 언급했다. 그는 당시 파리 시청사의 최상층 전체가 통계 자료실로 사용되고 있지만, 파리의 기온에 관한 통계조차 없으며 건축가와 도시계획가

르코르뷔지에가 가구 디자인을 주로 함께 했던 샤를로트 페리앙Charlotte Perriand과 함께 1929년 살롱 도톤 전에 출품한 아파트 내부 모델

루쉐르Loucheur 주택의 내부를 보여 주는 내부 투시도, 1928. 르코르뷔지에는 늘 가구가 완비된 내부 투시도를 통해 공간을 연구하고 설명했다.

사이를 이어줄 통계학적 근거자료가 턱없이 부족함을 개탄했다. 오죽 답답했으면 위기에 처한 파리의 해법을 찾는 데 도움이 될 신뢰할 만한 자료를 구축하기 위해 그 자신이 내무성에 50만 프랑의 연구비를 신청했을까![178]

표준과 유형에 관한 르코르뷔지에의 주장은 이론적 연구에만 머물지 않고 자신의 삶에서 실천됐다. 그는 대서양을 넘나드는 대양횡단선의, 침실 크기가 3×3.15m, 전체 넓이가 5.25×3m 15.75m²인 개인 선실그는 "호사스러운 숙소"라 했다에서 어느 부유한 집에 사는 이들에 못지않게 편리하고 자유롭고 효율적이고 경제적인, 몸을 기준으로 한 주거의 최소 넓이를 체험했다.[179] 평생 자유인으로 살았던 그는 1952년 병중의 아내를 위해 지중해 연안 카프마르탱에 작고 소박한 휴가용 별장을 마련했는데, 자신도 말년 휴가를 보내며 일생을 그곳에서 마칠 것으로 예감하면서실제로 그랬다 더없이 만족했다. 진입복도와 화장실을 빼면 3.66×3.66m 13.4m², 복도와 화장실을 포함한 넓이, 16.65m² 규모의 이 별장은 그의 기억을 떠나지 않았던 선실의 기능적 공간을 연상하게 한다. 이 좁은 원룸에서 그가 일생동안 걸어왔던, 건축이 허식을 버리고 기능에의 충실이라는 기본적 본분

르코르뷔지에, 카프 마르탱의 작은 별장과 내부, 로크브륀 카프마르탱, 1951~52

을 지키는 것이 더 정신적으로 만족스러운 것임을 몸소 증명해 보인 것이다. 그는 평소에도 파리 세브르 가 35번지에 있었던 자신의 설계사무실 안에 개인작업 공간으로 각 변이 2.26m 입방체인 '작은 아틀리에petit atelier'를 마련해 대도시 속 은둔자의 면모를 보였다.

추상성과 기능

그러면 건축은 허식의 가면을 벗어 버리고 어떻게 기본적 존재 이유인 기능에 충실할 수 있을까?

"건축은 더 심오한 목적을 지니고 있다. 숭고해지기까지 하는 건축은 객관성을 통해 가장 근원적인 본능을 발산한다. 건축은 바로 그 추상성을 통해 최고로 고양된 기능을 발휘한다. 건축적 추상은 냉엄한 사실에 근거하여 건축

자신의 작은 아틀리에에서 작업하고 있는 르코르뷔지에, 1959

을 특별한 것으로 만들며 정신화시킨다. 왜냐하면 냉엄한 사실은 실행할 수 있는 개념의 구체화이자 상징이나 다름없기 때문이다. 냉엄한 사실은 그것에 적용된 질서에 의해서만 개념화될 수 있다."[180]

이와 같은 르코르뷔지에의 주장에서 그가 건축의 기능을 가장 고양시킬 수 있는 방안으로 '추상성'을 염두에 두고 있음을 알 수 있다. 추상성은 표준화와 유형화의 궁극적인 목적이기도 하다. 이때의 추상성은 새로운 기계시대의 도래에 따라 자연의 법칙에서 도출한 수학적 계산을 활용하여 건축을 하는[181] 엔지니어의 미학을 존중하는 의식이다. 이는 곧 장식예술에 심취해 있던 주류 아카데미즘에 대항하여 투쟁할 수 있는 미학적 근거이기도 했다. 명확하게 인식되기에 가장 아름답고 위대한, 모호함이 없는 간결성과 명확함을 드러내는 기본 형태들[182]에 대한 그의 선호는, 이후 거론될 건축에서 기하학의 의미와 아울러 빛과 건축의 조화라는 연관성에서 다시 살펴볼 것이다. 그에게는 당시 퇴행적 아카데미즘에 물든 다수의 건축가들이 이러한 단순한 형태를 구현하지 않음이 안타까울 뿐이었다.[183]

추상성을 통한 기능 향상, 기능 고양을 위한 추상성 모색은 산업시대에 합당한 새로운 건축을 고민했던 이들의 공통된 자세였다. 1910년 르코르뷔지에가 만나 영향을 받았던 독일공작연맹의 설립자 무테지우스는 1911년 회의에서 공작연맹의 목표로, 하나의 덕목으로서의 표준화, 생산품 디자인의 미학적 바탕으로서 추상적인 형을 발표했다.[184] 바우하우스의 설립자 그로피우스는 1911년의 글에서, 공업제품에 수공예품의 고상한 질을 부여하기 위하여 기술적 면과 영적 아이디어, 즉 형태와의 상호작용을 강조하며 공장건축의 미학이 도래했음을 선언했으며, 산업시대의 기능적이고 대량생산에 적합한 원형을 추구한 결과 엄격하게 기능적이고 장식이 없는 바우하우스 스타일을 탄생시켰다. 미스 반데어로에는 기능은 바뀌지만 구조는 남는 것이라며 건물의 구조를 기능보다 더 중시했지만, 비록 형태가 간단하더라도 건축이 기능적 고려를 벗어날 수는 없음을 인정하고 기능주의를 극단으로 몰면서 가장 높은 정신적 존재의 수준에 이르기를 원했다. 그 역시 기술과 건축의 밀접한 관계를 합리성과 객관성으로 파악했다. 이때의 객관성은 절제와 아울러 비개인적이고 보편적이며 추상적인 형태를 시사한다. 개인적 표현이 아닌 오브제의 특징, 적용된 구조와 재료의 표현을 추구한 것이다.

이러한 추상성 추구는 당시에 범람했던, 시대에 부적절한 장식과의 투쟁과도 관련 있다. 독일공작연맹이 지녔던 공업미학의 핵심 원리도 잉여의 장식 부정, 더 작은 수단으로 더 큰 효과를 낸다는 원칙 아래 기념비적 성격, 평면의 명확성, 형태적 요소들 사이의 대조의 질서 추구에 있었다. 건축가 그로스 Karl Gross, 1869~1934가 1912년에 발표한 《장식Das Ornament》에서 장식적 부가물에 의한 장식이 아닌 매스의 올바른 분배에 의한 장식이 필요하며 주어진 형태적 문제에 유기적으로 연계돼야 한다는 주문은 독일공작연맹의 장식에 대한 태도를 잘 설명한다.[185] 1925년 오귀스트 페레가 "누가 예술과 장식을 연계시키고자 했나? 이것은 오염이다. 진정한 예술은 장식이 필요 없다"[186]고 말한 것처럼, 어떠한 전통적 장식도 근대적 디자인에 노출될 수 없다는 생각을 당시의 선구자들은 공유했다. 기능을 거스르며 전체성을 훼손하는 장식을 용납할 수 없었던 것이다.

조직으로서의 건축

"건축은 조직입니다. 여러분은 조직자지 제도 기능공이 아닙니다."[187]

이 말은 부에노스아이레스의 마지막 강연에서 다룬 즉흥적 주제인, "만약 내가 건축을 가르쳐야 했다면 무엇을 가르쳤을까?"라는 그의 추종자들이 던진 질문이자 자기 스스로에게 제기했던 의문에 대한 르코르뷔지에의 결론이다. 조직organization은 어떤 기능을 수행하도록 협동해 나아가는 체계를 뜻하는 사회과학적 관점에서의 조직으로서, 개개의 요소가 일정한 질서를 유지하면서 결합하여 일체가 된 형태를 말한다.

그는 강연을 위해 대서양을 건너 다다른 신생국가 아르헨티나까지도, 신흥 강대국이면서도 유럽의 축적된 역사를 부러워하며 고전 양식을 모방하는 데 급급했던 미국에서처럼, 장식에 정통했던 바로크 시대 건축가 비뇰라Giacomo da Vignola, 1507~73[188]가 여전히 신과 같은 존재로 군림하고 건축의 주범order과 장식을 금과옥조로 여기는 건축적 현실에 아연했다. 그는 이러한 잘못된 세태를 고쳐야 한다는 것과 학생들에게 기존의 고착된 건축 공식에 매몰되지 말 것을 강조했다. 또한 문과 창의 위치 및 모양 등 여러 사례들을 통해 모든 것은 관계에서 판단해야 함을 설명했다. 학생들에게 정역학과 소음, 단열, 팽창의 문제를 공부하기를 권했으며, 양식이나 주범 같은 유행에 빠지지 말고, 볼륨이고 동선인 건축의 공간, 너비, 깊이, 높이를 연구해 좋은 평면과 단면으로 순수한 기능적 유기체를 창조할 것을 조언했다. 당시 건축가들이 목을 매고 있던 파사드façade[189]는 앞의 것들이 잘 해결된 기능적 유기체의 결과로서 자연스럽

건축의 다섯 오더 규범Regola delle cinque ordini d'architettura, 비뇰라, 1562

게 도출되는 것이다. 건축 구성요소들 간의 관계성이 적절하게 구축되고, 디자인적 측면 이외의 구조와 재료, 환경 등 다방면의 이해가 올바르게 반영된 조직으로서의 건축을 해야 한다는 것이다.

르코르뷔지에는 "우리의 감동과 자연의 아름다움, 우리의 힘에 대한 생생한 이해, 이 모든 것이 건축적 조직 체계에 통합됐다"[190]고 선언했다. 자체 내에 생명을 가진 것처럼 보이는 자연의 대상들과 계산을 통한 작품의 조직에는 모호함이 없다고 생각하며, 예술작품은 명확하게 표현되어야 한다고 믿은 것이다. 건축에서 마땅히 구현할 바, 즉 유기적 조직체로서 자연의 아름다움과 그 힘에 대한 우리의 이해를 감동적으로 건축적 구성 체계에 통합하는 행위를 기대한 것이다.

르코르뷔지에가 건축가가 사용해야 한다고 주장하는 입방체들은 더 이상 마구잡이로 쌓아 방치한 현상이 아니라 조직적이며 분명히 의식적인 행위이자 정신적인 현상이었다.[191] 암암리에 가졌던 무질서나 비조직화, 갈등 상황, 혼란의 개념을 극복하고 건축을 조직화와 내적 구성의 문제로 받아들이면서 삶과 조화, 그리고 아름다움의 작용 원천인 기능[192]을 전면에 내세우는 기능과 조직으로서의 건축을 주장한 것이다.

우리는 앞에서 르코르뷔지에가 기계를 그 모습이나 힘, 기계로 인한 영향이나 성과품의 가치에 대해 논하기에 앞서 먼저 기계가 지닌 본질적 속성에 주목했음을 보았다. 기계를 살아 있는 생명처럼 놀랍도록 능숙하고 결코 실수하지 않으며, 행동이 완전하고 잘 조직화된 존재로 인정한 것이다.[193] 이는 그가 건축을 기계의 장점을 본받은 하나의 조직체로 인식했음과 무관하지 않다. 엔지니어들이 만든 기계장치를 '어떻게'와 '왜'라는 끊임없는 질문의 결과인 사고의 조직체로 받아들였던 것[194]과 동일하게 건축을 생각하는 것이다. 또한 현대적 도시계획과 주거 모두 정확한 구성을 따라야 한다고 주장[195]한 것은 그가 도시계획도 조직의 문제로 보았음을 뜻한다. 미학적 문제임과 동시에 생태적·사회적·재정적 조직의 문제라는 것이다.[196] 기능과 대상의 질서체계를 적정하게 조직한다는 면에서 건축의 최소단위에 해당하는 주거와 최대단위인 도시의 규모 차이는 상관없었다.

조직은 전술된 정의에서 본 바와 같이 질서와 동의어가 되기도 한다. 르코르뷔지에는 도시의 기능적·인위적 구획, 시간과 인간의 삶과 역사가 누적된 도시의 의미 소거 같은 당연히 짚어야 할 문제점조차 부차적인 것으로 간과했다는 비난을 받았다. 그러나 그는 아이디어만 내놓은 이상가가 아닌 현실성 있는 기획가를 자처하며 '치료'가 아닌 '수술' 요법으로, 가치 하락이나 평가절하가 아닌 가치 창조인 도시화를 위해 토지를 수용하고 은행가를 설득하며 국가가 보증하는 전략까지 상세히 거론했다.[197] 실현이 가능하기까지 전체의 작동 조직을 체계화하는 일면을 보여 준 것이다.

조직으로서의 건축은 이렇게 건축설계에만 한정되는 개념이 아니다. 예를 들어 한국 건축의 시공 기술력을 세계에 과시한 중동지역 현장에서는 특히 기획에서 설계, 시공에 이르기까지 인적·물리적·재정적 측면의 소프트웨어와 하드웨어 모두에서 정연한 조직이 중요하다. 이 중 어느 하나가 삐끗해도 성공적인 결과물을 기대하기 어렵다. 대부분의 자재와 인력을 외국에서 들여와야 하기 때문에 매우 정확한 예측력과 실행에서의 과감한 추진력이 요구된다. 각 단계와 단위에서 군더더기 없는, 효율의 극대화를 꾀한 조직의 구축 여부는 현장의 성패를 좌우한다. 이렇게 조직의 달인이어야 하는 건설현장 소장은 건축의 꽃이라 할 수 있다.

조직자로서의 건축가

르코르뷔지에는 스스로를 건설자로 여겼다. 건축가 또한 엔지니어의 정신을 가져야 한다는 것인데, 그의 생각에는 건설자들이 조직의 달인이어야 하는 것처럼 건축가 또한 그래야 했다.

"건축은 조직입니다. 여러분은 조직자지 제도 기능공이 아닙니다"라는 말에서 건축가나 건축학도는 도면을 잘 그리는 제도 기능공과는 구별되는 '조직자'임을 천명한 르코르뷔지에의 견해를 조금 더 생각해 보자.

르코르뷔지에가 말한 제도 기능공이 생각이 필요한 설계보다 몸으로 때우며 단순 그리기에만 집중하는 제도사만을 의미하지는 않을 것이다. 컴퓨터를 능숙하게 구사하여 도면을 비롯한 각종 이미지들을 멋있게 뽑아내는 데 몰두하는 건축 그래픽 숙련공도 이에 해당될 수 있다. 1920년대 프랑스는 건축가를 미술대학Ecole des Beaux-Arts에서 배출했다. 건축대학이 미술대학으로부터 독립한 것은 르코르뷔지에 사후인 1968년이 되어서였다. '프랑스 68혁명'으로 명명된, 젊은이들이 베트남전 반대운동을 하면서 시작되어 억압하는 어떤 것도 더 이상 참을 수 없다며 암기 위주 주입식 교육, 불합리한 시험제도, 불안정한 고용체제, 만연한 권위주의의 청산 등을 외친 힘겨운 항거를 통해서였다. 이전 미술대학의 건축가 지망생들이 고전풍 건물의 좌우대칭 평면도나 기념비적인 주입면도를 수채화 등으로 아름답게 그려내는 데 전념했던 것을 보면 그때나 지금이나 도구만 발전했을 뿐 내실보다 포장에 혹하는 세태는 별반 차이가 없어 보인다. 당시는 역사적 장식 어휘의 체득 정도가 건축가의 능력을 가늠하는 척도로 여겨졌을 때였으므로 르코르뷔지에의 답답증은 상상 이상이었을 것이다.

조직자로서의 건축가가 되려면 체계와 질서가 있는 사고방식이 필요하다. 그 바탕에는 기본기가 갖춰져야 한다. 실무에 투입되면서부터 꿈과 포부가 형편없이 졸아드는 엄혹한 현실에 매몰되지 않고 건축가로서의 자존을 지키면서 평생 스스로를 가꿔나가려면 탄탄한 기본기가 있어야 하는 것이다. 앞에서 조직으로서의 건축을 생각하며 르코르뷔지에가 "만약 내가 건축을 가르쳐야 했다면 무엇을 가르쳤을까?"를 숙고한 후의 결론이 그러했다. 건너뛰는 법 없이 한 걸음 한 걸음 철저하게, 성실과 책임감, 반복 훈련과 땀과 눈물을 요구하고 고통을 수반하는 기본기를 다져야 한다. 오늘의 현실인 기본기를 통해 내일의 목표인 꿈을 이루는 기반을 준비하는 것이다.

건축 작품을 만든다는 것은 공부$_{\text{study, search}}$ 단계를 넘어선 연구$_{\text{research}}$하고 그 내용을 실용화하는 과정인 개발$_{\text{development}}$의 단계다. 보편화된 인식체계 수립에도 서툰 배움의 과정에서는 종합의 능력이 필요한 '개념'을 모호하게 내세우기보다는 '가정supposition'을 정해 기본기를 다져가면서 그 가정을 보편적으로 받아들여질 수 있기까지 공간화, 형상화시키는 연습을 꾸준히 하는 것이 낫다. 건축 구상에서 매우 중시되는 상상력과 창의력은 억지 짜내기와 궤변, 기발성에서 오는 것이 아니라 끊임없는 실험과 탐구에 기초한다. 르코르뷔지에가 굵은 글씨체로 학생들에게 건축을 존중할 것을,[198] 눈을 떠 제대로 볼 것을,[199] 스스로를 진실의 정신으로 채울 것을[200] 강력히 요구한 것은 지금도 유효하다.

오늘날의 건축가야말로 현대의 진정한 르네상스 인이라고 진심으로 생각하는 한 임업전문가가 있다. 건축에 대단한 관심을 갖고 실제로 상당한 안목을 보이며 자신의 관할 조직에 건축연구회를 조직하기까지 한 그가 정작 건축으로 살아가는 이들도 제대로 이해하지 못한, 건축가는 조직적 두뇌를 가진 사람, 조형적 결과에 대한 애정을 경계하는 적대자, 과학적 인간이어야 하며 예술가와 학자의 마음을 가져야 한다는 르코르뷔지에의 생각을[201] 어렴풋이나마 짐작하고 있었던 것이다. 현재의 진정한 성격을 의심하는 단독자單獨者로서 여전히 미래의 상세한 역사를 기술하는 예술가의 영역은 과학이나 기술과 달리 계산이 아닌 직관에, 효용성의 탐구가 아닌 인식의 탐구에 주로 있지만, 모든 과학은 예술에 닿아 있고 또한 모든 예술에는 과학적인 측면이 있다. 프랑스 물리학자 트루소Armand Trousseau의 "최악의 과학자는 예술가가 아닌 과학자며, 최악의 예술가는 과학자가 아닌 예술가"라는 견해처럼[202] 위대한 과학적 발명과 진정한 학문 또한 창조적 상상을 불러오는 직관에 의해 발견되며, 이는 역사가 증명한다. 개인적으로 직설적 표현이 가능한 순수예술가의 직관에도 과학적 측면이 필요한데 하물며 인문학적이면서도 예술적이고 또한 과학적인 건축을 감각과 재주만으로 해결하려는 자세는 용납되지 않는다.

건축설계 행위는 일종의 '개성의 보편화' 과정이다. 개인의 특성에 추론과 경험에서 연역되는 보편성을 담보해야 하는 건축가는 개인의 예술적 개성을 맘껏 가꾸고 표출하되 그것이 자신만의 독단에 의한 결과여서 타인의 몰이해나 불편함을 초래해서는 안 된다. 건축은 주어진 프로그램과 할당된 땅의 특성을 해석한 건축가의 이성과 직관의 평형점에서 나온다. 이성적 사고와 판단의 능력인 지성, 주체가 감각 작용을 통해 외부세계를 받아들이는 능력인 감성, 이 둘의 밸런스는 늘 아슬아슬하다. 순수예술이 아닌 건축은 "당신이 따르고자 하는 준칙이 보편적인 준칙이 되도록 행동하라"는 칸트Immanuel Kant, 1724~1804의 도덕 법칙 관념과 무관하지 않다. 기본에의 정통과 인간과 환경에 대한 애정을 바탕으로 복잡하게 얽힌 여러 문제들을 지혜롭게 푸는 보편타당한 해법 제시 능력을 겸비해야 하는 것이다.

동선과 볼륨으로서의 건축

동선, 공간과 시간의 합체

르코르뷔지에는 《프레시지옹》의 〈기술은 시적 감흥의 기반이며 건축의 새

시대를 연다〉에서 과거의 석조주택과는 다른 철이나 콘크리트 건물의 특징을 거론했다. 현대기술이 가져온 위대한 성과인 필로티$_{pilotis}$²⁰³가 적용된 사례로서 자신이 설계한 센트로소유즈 청사를 설명하면서 '건축은 동선$_{circulation}$'이라고 선언했다.²⁰⁴ 같은 책의 〈현대주택 계획〉에서도 동선은 중요한 현대적 용어이며 건축과 도시계획에서 가장 중요하다고 강조했다.²⁰⁵ 건축이 연속적 움직임의 규칙을 무시했는지 또는 훌륭하게 준수했는지의 정도에 따라 죽었는지 살았는지를 분류할 수 있다고 생각할 만큼²⁰⁶ 동선 중시 사고는 1920년대 이후 르코르뷔지에 건축의 본질적 특성이다.

동선 중시 사고는 이전 건축과는 확연히 다른 근대건축의 공간성을 차례로 전개해 나아가는 시나리오와 결부되어 이후에 언급될 건축적 감동으로 이어진다. 이동을 전제로 한 동선 구상은 건축에 시간 개념을 유입시켜 건축에서의 시·공간 개념을 가동시켰다. 근자에 이르러 아직도 건축에서 공간을 운운하느냐는 냉소도 일부 있지만, 건축가가 공간에 대해 얘기하는 것은 의사가 질환에 대해 말하는 것과 같으며, 건축가가 시간에 대해 생각하는 것은 의사가 치료법에 대해 고민하는 것과 같다.²⁰⁷ 그만큼 공간은 건축의 존재이유 자체며, 시간은 공간에 의미와 생명을 부여하는, 공간을 공간으로 읽힐 수 있게 하는 필수 매개체다. 질환의 원인과 치료법의 발견이 최근에 이뤄진 것처럼, 우리가 어떤 면에서 상식으로까지 여기는 건축의 시·공간 개념이 형성된 것도 그리 오래 전의 일이 아니다.

시·공간 개념은 현대예술이 공유하게 된 새로운 인자지만, 건축에서의 시·

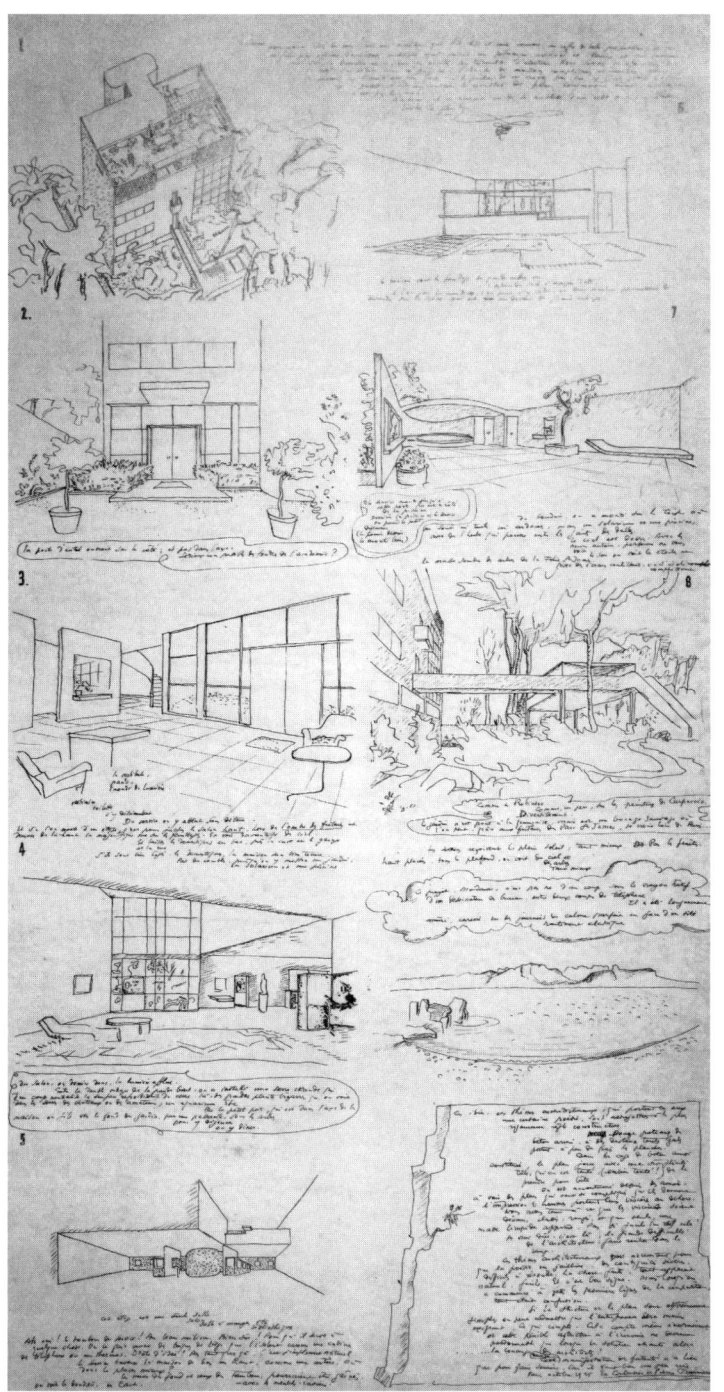

르코르뷔지에, 메이어Meyer 주택, 파리, 1925. 르코르뷔지에가 건축주인 메이어 부인에게 보낸 작품 설명서다. 그는 이렇게 주택 안을 이동하면서 보이는 광경들을 차례대로 전개하며 자신의 생각을 전했다. 그가 건축을 구상하는 방법을 보여 준다.

공간은 다른 예술의 그것과 차이를 보인다. 영국 시인이자 건축사가인 스코트 Geoffrey Scott, 1884~1929는 1914년에 예술의 공간 개념 차이를 언급하면서 "회화는 공간을 묘사하고 쉘리의 작품과 같은 시는 이미지를 생각나게 하며 음악은 우리에게 유추를 줄 수 있지만 …… 건축은 공간을 직접 다룬다"고 했다.[208]

노자는 《도덕경》 11장에서 진흙으로 만든 그릇이나 창과 문이 있는 방의 의미가 그릇과 방 내부의 빈 공간에 있음을 지적했다. 이때 공간은 건축가 김억중의 표현을 빌면 비워진 무無가 아닌 '채워진 빈 것'이다.[209] 건축은 무엇보다 공간을 축조하는 예술인 것이다.

이탈리아 건축가이자 역사가 브루노 제비 Bruno Zevi, 1918~2000는 건축과 여타 예술에서의 시간 개념의 차이를 언급하면서 "회화에서 시간 개념이 포함된 4차원은 대상의 표현이 본래 지니고 있는 성질, 즉 화가가 관찰자의 물리적인 참여를 요구하지 않은 채 평면 위에 투영하려고 선택하는 실체의 한 요소다. 조각의 경우도 마찬가지로, 예를 들어 보치오니에 의한 형태의 움직임은 우리가 바라보고 있는 조각상이 본래 지니고 있는 성질이며, 그것을 우리는 시각과 심리적으로 체험해야 한다. 그러나 건축에서 우리는 전적으로 다른 구체적인 현상과 관계하여 여기저기서 건물 내부를 이리저리 움직이고 일련의 연속적인 시점에서 그것을 연구하는 인간은, 통합된 실체를 공간에 부여하면서 소위 제4차원을 스스로 창조한다"[210]고 했다. 영화에서는 이미지 속에서 즉각적으로 보고 느끼는 순간적 형태로서 시간과 공간에 대한 새로운 접근 방식을 끊임없이 선보이지만 정태적 관찰자는 평면에 투사된 이미지를 통해 간접경험을 얻는다. 문학은 독자의 수준에 따라 상상의 연속이라는 정신적 감응을 통해 시·공을 넘나드는 설명적 묘사에 기댄다. 이와 달리 일정 장소를 차지하는 건축은 외부에서 각 방향으로 보여지고 또한 내부는 점유되어 사용됨으로써 속속들이 답파踏破된다. 따라서 정적인 건축은 관찰자의 이동을 전제로 하여 순환동선을 고려함으로써 보이는 시각을 예견해야 하는 것이다.

　건축에서의 시·공간은 우리의 의식 밖에서 진행되는 자연 세계의 변화와 흐름을 추상적으로 반영한, 수학적 대상으로서 양화된 시·공간과는 다르다. 우리의 관심은 지각을 바탕으로 성립되는 의식 작용, 곧 체험으로서 우리가 몸으로 경험하는 시간 체험, 공간 체험에 있다. 이렇게 시·공간이 몸적 주체의 체험적 산물, 우리 몸과 세계 사이의 상관성을 반영한 체험의 산물이므로 순수 이론적 직관의 대상이 아니라 실천 행위의 대상이 된다.[211] 물리학자 아인슈타인Albert Einstein, 1879~1955이 밝힌 것처럼 관찰자에 의해 상대화되는 시간과 공간은 적극적으로 참여하는 관찰자가 행하는 능동적인 시간 운영을 통해 이해되는, 수동적인 시간을 영위하는 건축이 지닌 가능성을 시사한다. 건축은 이렇게 관찰자의 능동적이며 주체적인 시간 경과가 건축적 공간의 존재 의미에 필수 조건이 되는 적극적 의미에서 공간예술이자 시간예술이다. 한번 구축되면 수정이 어렵고 그 성격 또한 공간을 형성하는 재료의 부동성으로 인해 정적인 공간은 사용자를 포함한 관찰자에 의해 읽힐 때 비로소 생명을 얻는다. 관찰자는 움직임에 의한 육체적 반응은 물론이고 지적·경험적·감성적 반응을 통해 재료의 부동적 물성에 근거해 사물에 대한 우리의 지각적 체험에서 생성된 기하학적 대상으로 추상 가능한 공간의 전개를 순차적으로 접하면서 전체를 이해하게 된다.

근대건축에서 중요한 '공간 연속성' 개념은 이와 같이 설정된 동선을 따라 관찰자의 능동적 시간과 건축의 수동적 시간의 만남에서 파악할 때 의미를 가진다. 이것은 단순히 공간적으로 이어진 물리적인 연계를 넘어선 것이다. 건축가가 자신이 활용할 수 있는 건축적인 수단들을 이용하여 사전에 기획된 공간성을 요구된 기능과 결합시키며 순차적으로 전개한 공간 개념으로 정의될 수 있다. 좌우대칭을 기본으로 정면·평면 중심으로 건축을 바라보던 2차원적·정태적靜態的 시각에서 벗어나 이제는 이동하면서 공간을 순차적으로 지각한 인간의 기억 능력에 의해 기능과 미美를 동시에 느끼는 4차원적·동태적動態的 관점을 갖게 된 것이다.

르코르뷔지에는 《건축을 향하여》의 〈평면〉과 〈평면의 허상〉 단원에서 공간을 통한 연속적 움직임의 조직화가 위대한 건축의 본질임을 역사적 선례들을 통해서 강조했다. 그는 이와 같이 시·공간이 결합된 건축을, 자신이 건축적 즐거움을 일으키는 수백 개의 연속적 지각이라고 설명하는 '건축적 산책la promenade architecturale' 개념으로 라로슈 주택Villa La Roche, 1923~25에서 시작하여 슈타인-드몬지 주택Villa Stein-de Monzie, Garches, 1926~28, 사부아 주택Villa Savoye, Poissy, 1928~31 등 자신이 설계한 일련의 주택에 적용시켰다. 사람들은 내·외부 공간에서 연속적으로 받은 시각 자극에 의한 공간 경험의 기억memory이 집적되어 건축 전체를 이해하게 된다. 순로 곳곳에서 고정된 시점이 아닌 이동시점을 전제로 하여 동선을 따라 지속적으로 변화하는 건축적 장면들의 연속을 통해 공간의 순차적 방향성, 다양한 빛 유입, 면과 볼륨의 유희, 투명성과 불투명성 간의 대비 등 감흥을 불러일으키는 장면들이 면밀하게 기획되고 펼쳐진다. 빛으로 인도되는 공간 연속체로서 근대적 공간의 진면목을 보여 주는 것이다.

르코르뷔지에는 "생생한 현대의 물질을 바탕으로 얻은 자유"로서 "기술이 가져온 시학이며 서정"[212]으로 생각하며 1915년에 발표한 돔이노 이론, 1926년에 발표한 '새로운 건축의 5원칙5 points de l'architecture nouvelle', [213] 1929년에 발표한 '네 가지 구성 방식4 compositions'[214] 같은 1920년대까지 자신의 건축 이론이 집대성된 사부아 주택을 상세히 설명하며 "마지막으로 단면을 봅시다. 공기는 모든 곳에서 순환되고 햇빛은 모든 장소에 있으며 모든 곳을 관통합니다. 순환 동선은 현대기술이 가져온 건축적 자유를 모르는 방문자를 당황스럽게 하는 다양한 건축적 감동을 줍니다"[215]라고 말했다. 가로 세로가 약 19×21m 규모의 2층 주택 중심부까지 당시 심각한 위생 문제 때문에 건축가들이 고심했던 깨끗한 공기를 충분히 순환시키고 자연광을 유입하는 과제를 해결하면서 입구에서부터 옥상의 일광욕장까지 건축적 산책의 감동을 부여하고자 한 것이다.

동선과 연계된 르코르뷔지에 건축의 특성에 관한 연구는 지금도 끊임없이 재생산되고 있다. 그 중 파리-벨빌 건축대학의 시리아니 교수와 비에Claude Vié, 1934~ 교수는 설명을 곁들인 투시도와 사진들을 순차적으로 제시하면서 주택

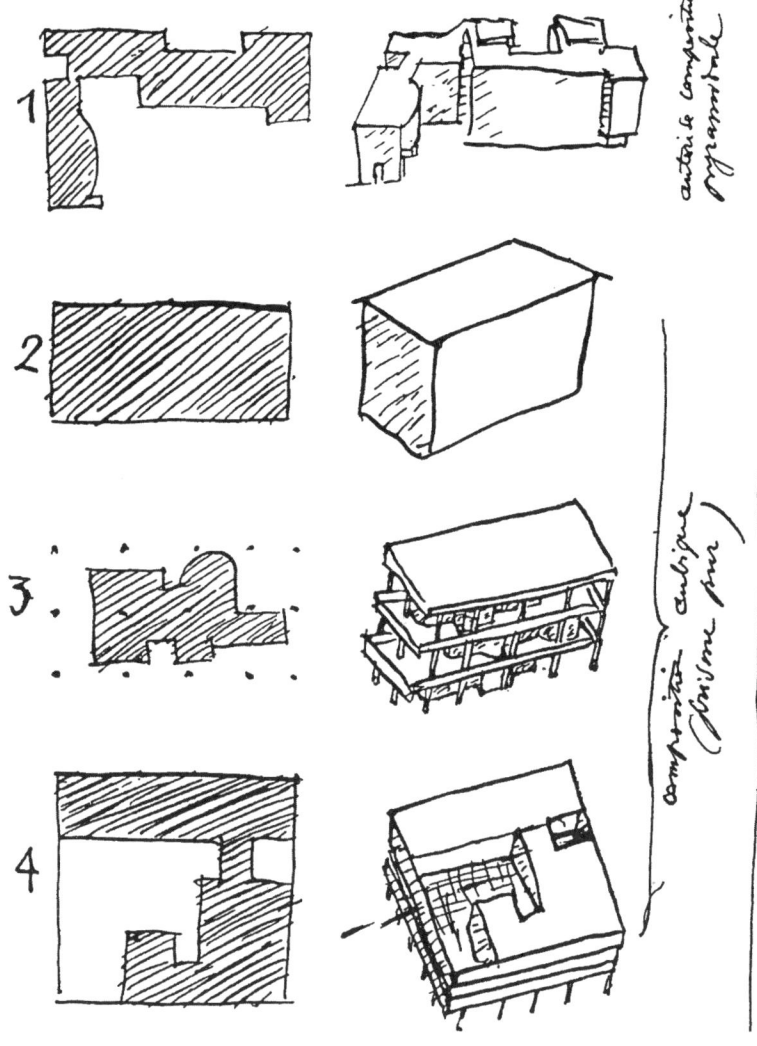

르코르뷔지에, 네 가지 구성 방식, 1929

의 진입공간부터 내부를 통해 옥상테라스에 이르기까지 슈타인-드몬지 주택의 순환동선을 상세히 분석하고 있다.[216] 두 연구자는 여기서 대각선처럼 상승·하강하는 공간 확장의 대표 사례인 이 주택을 르코르뷔지에가 처음으로 자신의 근대건축 공간의 특성인 연속성과 융통성, 확장성을 문자 그대로, 이론이 실제로 표명된 사례로 보았다. 이렇게 건축적 산책 개념이 계획안의 키워드가 되어 시간과 공간이 합체되는 경험은 이후 살펴볼 건축적 감동으로까지 이어진다.

볼륨, 내·외부로서의 공간

과거 건축의 폐쇄적·고착적·단절적 공간이 개방적이고 자유롭고 융통성이 있으며 연속적인 근대적 공간으로 변모하려면 건축을 동선과 볼륨으로 받아들이는 인식 전환이 선행돼야 한다. 르코르뷔지에는 "건축은 공간, 너비, 깊이, 높이가 있습니다. 이것은 볼륨이고 동선입니다. 건축은 사람의 머릿속에서 만들어집니다"[217]며 볼륨을 동선과 함께 거론했다. 볼륨은 특히 《건축을 향하여》에서 50회나 언급된다. 그에게 볼륨은 우리의 감각이 지각하고 평가하며, 가장 큰 영향을 받는 요소이자[218] 표면과 함께 건축이 스스로를 드러나게 만드는 요소이고[219] 건축적 감각, 즉 체감하는 감각의 근원이다.[220] 이 언급들은 주로 겉으로 보이는 외관으로서의 볼륨을 뜻하지만, 볼륨은 또한 그 표면 속의 내부공간을 고려할 때도 쓰인다. 한 대상의 내·외부 모두를 염두에 둘 때 채택된다는 말이다.

르코르뷔지에는 우리가 흔히 오용하는,[221] 둘 다 '부피'로 번역될 수 있는 볼륨volume과 매스masse를 자신의 저서에서 분명히 구별하여 썼다. 그는《건축을 향하여》의〈보지 못 하는 눈〉자동차 편에서 진출입의 법칙에 대한 연구를 통해 속도를 위해서는 커다란 매스를 앞에 두고경주용 차, 안락함을 위해서는 중요한 볼륨을 뒤편에 위치시킨다고 했다.[222] 내부가 조밀하게 차 있는 중량감과 재질감이 강조된 덩어리엔진이 설치되어 있다를 매스로, 가볍고 얇은 표피에 싸여 있는 내부의 빈 공간사람이 타는 곳이다을 함께 고려할 때는 볼륨으로 서술했다. 이 구분을 건축에 적용하면《건축을 향하여》에서 5회 언급된 매스가 19세기까지의 어둡고 무거우며 폐쇄적인 건축을 의미한다면 매스보다 열 배 많이 언급된 볼륨은 밝고 가벼우며 개방적인, 20세기 이후 건축에 더 가깝다. 볼륨이 과거 건축과 비교할 수 없을 만큼 내부 공간성을 중시하는 근대건축의 특성을 드러낸 용어인 것이다.

이렇게 볼륨과 매스의 의미를 엄격히 구분하고 보면 건축의 내부 공간을 중시하면서 근대건축의 입면을 형성하는 '외피enveloppe' 개념이 자연스럽게 중요하게 떠오른다. 하중을 감당하며 내부와 외부를 단절하는 두툼한 외벽이 아닌, 르코르뷔지에의 건축에서 보듯이 기둥에 하중을 맡긴 채 내·외부의 경계만 한정지은 채 내·외부가 상호 연계되고 서로 확장되는 공간적 교류가 가능한 이 얇은 피막의 근원은 평평한 그의 순수주의 회화에서 이미 발견된다.

"우리는 자동차가 그런 것처럼 언젠가는 주택이 자유로운 상태에서 다수의 기관들을 내포한 단순한 표피가 될 수 있을 것임을 간파했습니다"[223]는 말처럼 그의 1920년대 건물 외관은 얇고 가볍고 자유로웠다. 내부에서도 더 이상 실들 사이를 단절하는 폐쇄적이고 하중을 떠안은 무거운 내력벽 대신 이동 가능하고 가벼운 칸막이가 공간의 가변성과 연속성을 보증하는 '자유로운 평면plan libre'을 구가했다.

르코르뷔지에는 이렇게 볼륨의 속성을 부각시켜 내부가 외부와 함께 호흡하면서 석조건축의 구속적이고 무거운 이미지를 벗은 가볍게 보이는 건축을 기대했는데, 이 또한 당시 그와 호응했던 선도적 건축가들의 공통된 소망이었다. 이렇게 외관에서부터 중력의 굴레를 벗고자 하는 새로운 건축의 가변적이어서 융통성이 있고 연속적인 공간 특성을 위한 시도를 보자. 르코르뷔지에는 전술된 바와 같이 '자유로운 평면' 개념을 바탕으로 격자형으로 배치된 기둥 사이에 필요에 따라 칸막이를 설치하는 방안을 택했다. 반면에 데스타일의 신조형주의 미학을 그대로 건축화한 슈뢰더 주택Schröder House, Gerrit Rietveld, Utrecht, 1924 같은 예에서는 전체가 각각의 기능 공간의 종합이라기보다는 기능이 할당된 단일 공간 개념이 적용됐다. 천장에 매달린 미닫이 칸막이를 열었다 닫았다 하면서 공간을 부분적으로 분할, 조합하기도 하고 전체를 하나의 공간으로 열기도 한 것이다. 미스 반데어로에의 경우는 아무 기능도 없는 건축이 가장 기능적이라는 '보편적 공간Universal Space' 개념에 따라 때로는 기둥조차도 외부로 축출된, 어떤 용도로도 사용 가능한 단일 내부공간을 제시했다.

근대건축에서 건축을 가볍게 보이려는 방안을 보면, 르코르뷔지에는 가느다란 수직의 선적 요소로서 원기둥에 풍요함을, 그늘이나 약간의 응달에서 빛

리트벨트, 슈뢰더 주택 외관, 우트레흐트, 1925

슈뢰더 주택 거실쪽 내부

의 풍부함을, 정신을 위해서는 뚜렷한 긴장감을 가져오는 필로티 위에 그가 현대기술이 거둔 수확물 중 가장 감탄할 만한 것으로 여긴 깨끗한 윤곽의 백색 입방체를 가볍게 얹어 중량감을 감소시켰다. 이때 미학적으로는 단순한 백색 입방체가 수평선인 "건축 밑면의 완전무결한 선"[224] 위에 떠 있게 된다. 필로티라는 빈 공간의 에너지를 사용해 존재의 무게를 잊으려는 시도는 역설적으로 보이지 않는 중력의 존재를 감지케 한다. 사물들의 질서를 조심스럽게 구축하는 시간, 중력, 공간, 빛 같은 보이지 않는 법칙들을 건축이 표현하기에 이른

1 미스 반데어로에, 베를린 국립갤러리 신관, 1962~68
2 베를린 국립갤러리 신관 1층의 기획전 시공간. 내·외부가 완벽하게 연계되는 이상의 결과물인 이 미술관에서는 내·외부의 공간 연속성을 간섭하는 일체의 전시법은 배제된다. 소규모의 조각품은 바닥에 세울 수 있지만 그림은 천장에서 매단 임시 전시패널에 걸어 바닥과 천장의 연속성을 유지시킨다. 사진 속 전시는 아예 바닥 자체를 전시면으로 삼아 본래의 공간 특성을 간직하고 있다.

것이다.²²⁵ 이 빈 공간의 에너지가 입방체를 떠 있게 만든다. 데스타일의 슈뢰더 주택은 넓은 창문, 가는 창틀, 매끈한 콘크리트 면을 요철 없는 단일 표면으로 마무리하여 물질감이 느껴지지 않는 추상적 요소가 되도록 했다. 또한 자연색이 아닌 원색과 무채색을 사용해 재료의 물성을 약화시켰다. 그 결과 무게가 없는 볼륨이 지면에 살짝 얹힌 듯 보인다. 건축의 비물질성과 무중력성의 일례다. 미스 반데어로에는 완벽한 디테일을 갖춘 단순미와 비례미가 잘 드러난 중성적 직육면체를 제안하고 네 면 모두를 유리로 둘러싼 투명한 건축을 통해 볼륨의 무게감을 없앴다.

이러한 근대건축의 특성은 '볼륨으로서의 건축'이라는 개념을 이해할 수 있게 해 준다. 볼륨을 매스와 구분한 것은 르코르뷔지에가 새로운 건축은 더 이상 과시를 목적으로 하지 않는 것이라고 생각했기 때문이다. 다시 말해 당연히 기능을 충족시키면서 근대적 동선 및 내·외부가 동시에 고려된 볼륨 안에

르코르뷔지에, 사부아 주택의 북측 주파사드, 푸아시, 1928~31. 1920년대 르코르뷔지에의 건축철학이 총집합된 걸작이다.

서 좋은 공간성을 품은, 더 나아가서 내재된 풍요한 정신성이 정제된 미학을 발산하는 건축을 꿈꾸고 있음을 보여 준다. 《건축을 향하여》에서 르코르뷔지에는 "건축은 빛 아래에 볼륨들을 숙련되고 정확하고 장엄하게 모으는 작업"이라고 네 번이나 거듭 표명했다. 이는 가장 중요한 건축 정의 중 하나로서 르코르뷔지에가 1921년 《레스프리 누보》를 통해 건축 운동에 개입했을 때 가장 중시했던 모토이자 그의 최초의 건축 정의에 해당한다. 이제 우리는 이 정의가 그동안 우리가 피상적으로 이해해 왔던, 자연광이 비치는 외관으로서의 건축만이 아니라 자연광으로 충만한 좋은 내부공간을 함께 지닌 수준 높은 건축을 염두에 둔 선언임을 알 수 있다.

말이 나온 김에 르코르뷔지에의 책에서 정확히 구별되지 않고 읽히는 또 하나의 단어를 지적하고 넘어가자. 바로 '양식$_{style}$'과 '양식들$_{styles}$'이 그것이다. 단수형 또는 복수형으로 빈번하게 등장하는 이 단어를 정확하게 구별하여 읽지 않으면 해석은 모호해지고 문맥은 어색해진다. 르코르뷔지에는 자신의 기술 의도를 분명히 하기 위해 단수의 '양식$_{style}$'은 긍정적 의미로, 복수의 '양식들$_{styles}$'은 부정적 의미로 썼다. 보편적으로 느껴지고 인정된 완전한 상태인 단수의 양식이[226] 한 시기의 독특한 원리를 뜻하는 반면에, 복수의 양식들은 지난 세대의 여러 양식들을 시대적 자각 없이 유행처럼 마구잡이로 혼용하는 당시의 절충주의적 상황을 개탄할 때 쓴 것이다.

아르헨티나에서 행했던 세 번째 강연을 정리한 《프레시지옹》의 〈모든 것이 건축, 모든 것이 도시계획〉에서 르코르뷔지에는 당시에 여전히 즐겨 차용되던 르네상스식 창문, 그리스 사원, 도리아식, 이오니아식, 코린트식, 컴포지트식 엔타블레이처 등을 그린 그림에 붉은 색 X자를 크게 치며 "이것은 건축이 아니다", "이것은 양식들styles일 뿐이다", "원래는 생기가 넘치고 훌륭했지만, 이제는 단지 시체일 뿐이다", "이 모두를 공구함에서 꺼내 버리자"고 주장하는 시각 자료를 눈에 띄게 제시했다. 오귀스트 페레가 "양식은 복수를 갖지 않는 단어"라고 말한 의도와 동일한 이유다. 비록 르코르뷔지에의 글들이 선동적이고 열정적인 문장으로 이뤄졌음에도 그가 용어 하나의 선택에 매우 신중했음을, 따라서 그의 책을 주의 깊게 읽어야 함을 보여 준다.

정신적 측면에서의 건축

 지금부터는 건축의 기본적 존재 이유인 기능에 충실하기 위해 물리적 질서 체계를 조직하고 좋은 공간성을 지닌 내부를 의도된 동선을 따라 전개시켜 나아가는, 이전 건축과는 판이한 새로운 건축에 담긴 정신적 측면을 살펴보려고 한다. 건축적 사실에 담긴 정신적 요인들에 대한 르코르뷔지에의 깊은 관심을 추적하다 보면 논리학, 자연철학, 정신철학의 전 체계를 정正·반反·합合의 3단계로 나누는 변증법으로 일관하며 정신을 절대자로 여겼던 헤겔G. W. F. Hegel, 1770~1831의 영향이 감지되기도 한다. 또한 관념이 내포된 창조적 역동성을 실제 건축 작업에서 체감하는 실무 건축가로서의 경륜이 엿보인다.

질서와 조화로서의 건축

고전과 전통

 1920년대에 르코르뷔지에가 쓴 저서들에는 질서와 조화라는 단어가 중요하게 취급되며 매우 빈번하게 등장한다. 질서와 조화는 규칙, 표준, 규범, 자제,

균형, 근엄 등과 함께 고대 그리스와 로마의 철학과 학문 및 예술에서부터 이미 덕목으로 간주되어 우리에게 익숙한 개념이다. 여기서는 그가 질서와 조화를 정신적이고 감동적인 건축에 반드시 내재되어야 할 기본 조건으로 강조한 것에 주목한다.

고전적classical이란 용어의 유래를 보면 고대 로마의 사회계층 구조에서 가장 높은 계급인 귀족classici의 사회질서와 관계된다는 의미가 담겨 있다. 이는 고전건축이 엄격한 크기 제한, 정확성, 세부처리에 몰두한 연유이기도 하다. 대다수의 그리스 신전 또는 르네상스 대표 건축가들인 알베르티Leone Battista Alberti, 1404~72나 팔라디오Andrea Palladio, 1508~80가 설계한 건물들의 예처럼 훌륭하게 구성된 고전건축은 돌로 쓴 정치精緻한 글이며 명석하게 논증된 변증론이자 해석학으로 시대를 무론하고 존중받는다.[227]

폴란드 철학자이자 미학자, 예술사가인 타타르키비츠W. Tatarkiewicz, 1886~1980는 '고전적'이라는 표현의 다양한 의미를 여섯 가지로 제시하면서 포괄적인 정리를 시도했다. 시나 예술의 경우 매우 탁월하고 겨룰 만한 가치가 있으며 널리 인식됐다는 것과 동일한 의미, '고대의'와 같은 의미, 고대의 모델을 모방하여 닮음을 의미, 예술과 문학이 의무적인 규칙에 순응한다는 의미, 이미 확립된, 표준의, 인정된, 규칙적인 등과 같은 의미, 조화, 자제, 균형, 근엄 등과 같은 성질을 소유한다는 의미가 그것이다.[228] 여기서 '고전적'이라는 개념은 어느 특정 시기를 가리키는 역사적인 개념이기도 하면서 그 안에 내재된 가치를 시대를 초월하여 중시하는 것을 뜻하기도 함을 알 수 있다. 건축에서는 일반적으

레오네 바티스타 알베르티, 산타 마리아 노벨레Santa Maria Novella 성당, 피렌체, 1456~70. 이 성당의 파사드도 완벽한 비례체계를 담고 있는 것으로 유명하다.

안드레아 팔라디오, 로툰다La Rotunda 별장, 비첸차, 1550~53

로 건립 시기를 불문하고 고대 그리스나 로마 건축을 직간접적으로 참조한 경우나 플라톤적인 '고귀한 단순과 고요한 위대edle Einfalt und stille Grösse'를 추구하는 경향을 고전적이라고 한다. 영국 건축사가 섬머슨John Summerson, 1904~92은 저서 《건축의 고전 언어The Classical Language of Architecture》에서 건축의 고전성을 언급하며 전자의 경우를 강조했다. 즉 고대 그리스와 로마시대에 근원을 둔 장식적인 요소들을 고대 세계의 건축적 어휘로부터 직·간접으로 따온, 특히 고대의 오더에 대한 어떤 인유引喩를 포함하고 있으며 비례 추구를 통해 구조물 전체에 걸친 조화를 중시하는 건축이라고 명시했다.²²⁹ 이러한 포괄적인 정의들에 의하면 근대건축의 거장으로 추앙받는 르코르뷔지에의 건축에도 엄연히 고전성이 존재한다. 르코르뷔지에를 올바르게 이해하기 위해, 1920년대 그의 저작물 내용의 대부분을 차지하는 개혁적 사고와는 거리가 먼 듯한, 전통에 대한 그의 호의를 추적해 보자.

르코르뷔지에는 누구 못지않은 반反전통주의자로 알려져 있다. 〈성상학, 성상 숭배자들, 성상 파괴자들〉로 시작하는 《오늘날의 장식예술》은 당시 사회가 숭배하고 있었던 장식의 시대적 부적절함을 비판하는데, 마치 그 자신이 성상 파괴자들의 선봉에 선 듯하다. 특히 르코르뷔지에 자신은 1925년 레스프리 누보관에서 전시된 〈부아쟁 계획 Plan Voisin〉으로 인해 전통의 도시 파리를 송두리째 부수려고 한다는 혐의를 받으며, 전통적 도시 환경의 파괴자로, 오늘날에는 삭막한 현대도시 조성의 주범으로 간주되기도 했다. 비록 르코르

르코르뷔지에, 파리 도심 재조직 계획, 1920년대

뷔지에 자신은 부아쟁 계획에 파리의 역사적 과거가 보존될 뿐만 아니라 존중됐다고 생각했지만 말이다.[230]

과거 건축에 대한 르코르뷔지에의 관심과 과거로부터의 교훈 도출 사례는 매우 많다. 여기서는 근대건축이 이전 건축 중 특히 고딕건축에 뿌리를 두고 있다는 견해도 있는 만큼[231] 르코르뷔지에와 고딕건축의 관계를 잠깐 살펴보자.

그는 젊은 시절 건축을 미학적 가치가 아닌 구축으로 보게 한 고딕건축의 구조에 열광하여 관련 강의를 듣기도 하고 무거운 열쇠뭉치를 들고 파리 노트르담 대성당을 속속들이 답사하며 오후를 보내기도 했다.[232] 이 대성당은 프랑스혁명에 가담했던 파리 시민들에 의해 전통왕권에 대한 반발로 대성당 정면을 장식하는 28명의 유대 왕들을 상징하는 입상들이 프랑스 역대 왕들로 오인되어 파괴되는 등의 수모를 당했다. 그후 1831년에 출판된, 꼽추 콰지모도와 미녀 에스메랄다의 사랑을 그린 빅토르 위고Victor Hugo, 1802~85의 소설《파리의 노트르담 대성당Nôtre-Dame de Paris》의 선풍적 인기에 힘입어 비올레르뒥Viollet-le-Duc, 1814~79[233]이 주도한 대복원 공사가 1864년에 끝났다. 이런 다양한 변화를 겪은 노트르담 대성당을 르코르뷔지에는 속속들이 방문하여 많은 스케치와 기록을 남겼다. 그러나 고딕에 대한 그의 태도는 여러 차례 변했다.

르코르뷔지에는 고딕이 위대하고 순수한 형태를 기반으로 하지 않아 조형적 작품이 아니라 다감한 자연의 감각인 중력에 대항하여 싸우는 한 편의 드라마 같다고 실망을 표한 적이 있다.[234] 제1차 세계대전 때 적대국이었던 독일을 경원시하며 독일로부터 받은 교훈들을 부정하던 시기에는 12세기 중반 파

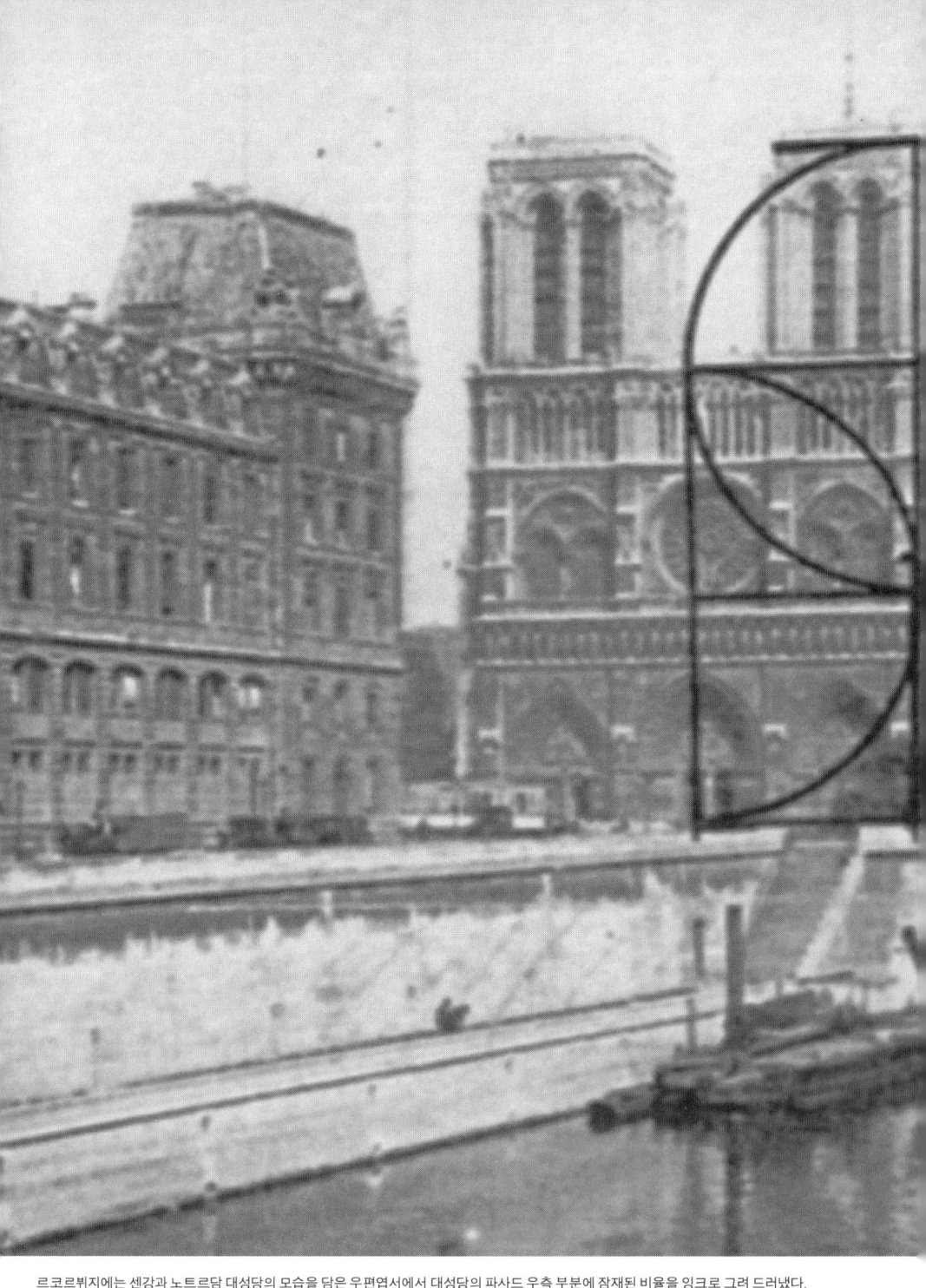

르코르뷔지에는 센강과 노트르담 대성당의 모습을 담은 우편엽서에서 대성당의 파사드 우측 부분에 잠재된 비율을 잉크로 그려 드러냈다.

RIS - Le Canal et Notre Dame
The Canal and Notre Dame

리 북부에 위치한 생드니Saint-Denis 수도원 부속성당의 내진內陣부[235] 양식이 그 기원으로 받아들여져 사실상 프랑스 양식으로 공인된 고딕을 독일 게르만 민족의 양식으로 곡해했다. 17세기 영어에서 고트goth가 게르만계 혈통의 잔인한 약탈자인 반달족과 같은 의미로 사용된 적이 있었기 때문이었을 것이다. 그리하여 고딕양식의 수직성에 대비되는, 지중해와 라틴 문화의 특성인 수평성을 애호하기도 했다. 1930년대에 들어서는 고딕 대성당을 더 이상 구축이나 형태의 문제가 아닌 프랑스 국민의 화합과 그들의 구체화된 생명력으로 다시 받아들였다.[236]

이렇게 중세기 건축이었으나 19세기에 화려하게 부활한 고딕양식에 대한 르코르뷔지에의 견해는 여러 차례 변하였으나 이것은 그만큼 그가 역사에 진지했음을 반증한다. 그가 쓴 책들에서는 아카데미즘에 대한 반대 의사가 빈번하게, 공공연히 드러난다. 그러나 이때도 전통적이고 보수적인 입장을 무조건 고집하는 고루한 학풍이나 관료적인 학문 태도인 부정적 의미의 아카데미즘에 반대한 것이다. 학문 연구나 예술 창작에서 순수하게 진리와 아름다움을 추구하는 태도로서 긍정적 의미의 아카데미즘이나 전통 자체에 대한 생각마저 부정적이지는 않았다. 그는 전통을 과거의 답습이나 고수가 아닌, 가장 혁신적인 것들이 끊임없이 이어지고 있는 상태로 보고, 미래로 우리를 이끌어주는 가장 믿음직한 지침으로 인정했다. 과거를 향하지 않고 미래를 향해 날아가는 화살과 같은 것으로 전달transmission을 전통의 진정한 의미로 봤던 것이다.[237] 전통을 고착이 아니라 변화로, 과거로의 회귀가 아니라 미래로의 전달

르코르뷔지에, 신 시대관, 파리,
1936~37

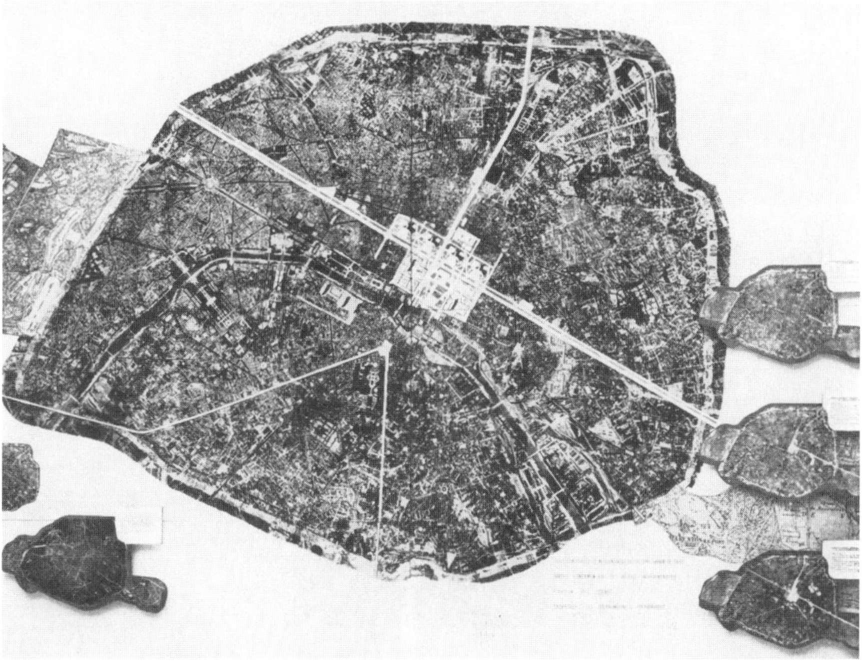

르코르뷔지에가 1937년 신 시대관에 전시한 파리 계획안. 기존의 루브르 궁에서 개선문을
넘어 계속되는 일직선 중심축과 평행하는 새로운 대로를 제안하고 있다.

로 여긴 그에게 말馬의 시대가 아닌 철도와 자동차 시대의 파리, 전 세계가 주목하는 진정한 파리는 과거의 퇴적물에 안주해서는 안 되었다. 언제나 그래왔듯이 파리가 다른 도시들을 계몽할 건축적 사건들을 제대로 명령하고 창조하고 일으키려는 역사적 몸짓을 계속해야 한다고 믿었다.

부아쟁 계획이 지나치게 이론적임을 시인하고 포기한 르코르뷔지에는 1937년 신 시대관Pavillon des Temps Nouveaux에 다시 전시한 파리 계획안에서 역사적 가치가 있는 모든 기념물들을 보존했다. 그 이전인 1929년 아르헨티나에서 행했던 강연에서도 그는 이미 노트르담 대성당을 비롯한 생제르맹데프레Saint-Germain-des-Prés 성당과 생탕투안느Saint-Antoine 성당을 거쳐 루이 14세 치하 루브르 궁전의 오만한 열주들, 고딕 첨탑의 도시에 쿠데타처럼 들어선 앵발리드Invalides[238]의 둥근 지붕, 보지 않고도 상세하게 그릴 수 있었던 파리 판테온,[239] 국경 너머 파리를 동경하는 사람들의 마음에도 간직된 에펠탑, 몽마르트르 언

쥘 망사르Jules H. Mansart,
앵발리드 성당, 파리, 1679~1706

덕의 사크르쾨르Sacre Coeur 성당 지붕의 또 다른 왕관, 프랑스의 영광을 상징하는 개선문 등은 보존해야 한다고 말했다.[240] 그는 과거에 대한 경의는 자식이 아버지에게 사랑과 존경심을 느끼는 것과 같은 태도이자 창조적인 인간에게는 당연한 것으로 여기고 어릴 때부터 토착적인 것들에 대해 열심히 공부했

자크 수플로Jacques-Germain Soufflot, 판테온, 파리, 1758~89

아바디P. Abadie, 사크르쾨르 성당, 파리, 1876~1914

다. 과거는 아버지와 마찬가지로 현재와의 우열을 가리는 비교대상이 아닌 것이다. 함부로 마구 짓는 데 대한 우려와 함께 염려되는 너무나 쉽게 부숴버리는 우리의 무뇌적 행태를 감안하면 과거에서 미래를 찾는 지혜는 오늘날 더욱 요긴하다. 르코르뷔지에는 20세기에 정당성 없이 재발된 루이 16세 양식을 비난하면서도 본래의 루이 16세 양식이 아름답고 매우 눈에 띄며 18세기 말엽 문화의 높은 수준을 보여 준다는 점에 동의했다.[241]

타푸리는 르코르뷔지에가 반역사주의적 역사성을 인정하고 있다면서 그가 계몽주의적 변증법에 보인 충성심은 자아비판적 수준일지라도 적절한 시점에서 모든 기억과 새로운 비판적 상징성을 포괄할 수 있는 언어 구조의 다양성을 위한 보증이 됐다고 생각했다. 르코르뷔지에가 과거에 대해 공감하며, 인류의 중요성이 담긴 역사 전체에 호감 가졌음을 포착하고, 그를 역사의 위대한 친구이자 급진적 개혁가인 피카소와 나란히 둘 수 있다고 말했다.[242] 르코르뷔지에는 실제로 알제리 토착민 지구인 카스바Casbah를 철거로부터 구하는데, 마르세유에 있는 옛 부두가 훼손되는 것을 막는데 애썼고 바르셀로나의 역사적 유물들을 어떻게 부각시킬 것인지 자문해 주었다. 이러한 그가 사랑한, 보존되어야 할 파리의 자랑스러운 아름다움과 정신은 찬란한 과거에 기대어 단지 오래됐다는 이유로 무조건 존치시키는 데 있지 않았다. 도리어 앞서 언급된 뛰어난 건축물들이 시대를 선도하며 파리를 만들어 왔듯이 새 시대를 이끌어 갈 새로운 파리로 계속 거듭나야 한다고 생각했다. 위대한 건축가들의 나라, 훌륭한 건축적 전통의 고향, 혁명적인 건설 기술을 개발했던 나라인 프랑스가 첨두아치pointed arch의 자랑을 넘어 이제는 유리와 철근콘크리트로 나아가야 한다는 것이다.[243]

기하학과 건축

이제는 르코르뷔지에가 시대를 무론하고 좋은 건축에서의 핵심 불변코드로 여긴, 기능적·공간적·상징적 의미들이 혼란 없이 순조롭게 잘 어울리도록 배려한 질서 있고 조화로운 건축을 어떻게 성취하고자 했는지에 대해 눈길을 돌려 보자.

르코르뷔지에가 그 방안으로 우선 생각한 것은 '기하학'이었다. 기하학은 그가 정신적 기쁨이자 비례로,[244] 그것이 없었더라면 우연적이고 불규칙적이고 임의적일 수 있는 것들을 우리의 눈이 측정하고 인지할 수 있는 결과로 만들어 주므로 인간의 언어라고 받아들인,[245] 건축과 가장 오래되고 내밀한 관계를 맺어 온 학문이라고 말한 분야다. 플라톤이 이데아를 실재가 아닌 기하학적 개념과 평면도형으로 정의한 이후로 기하학은 신비의 수를 내포한 우주를 상징하는 틀이었다. 우주의 신성한 지혜와 질서, 조화, 아름다움을 드러내는 것은 바로 기하학적 형태들이었다.[246] 르코르뷔지에는 스승 레플라트니에의 감명 깊은 가르침에 따라 자연의 질서를 신뢰하고 자연에서 본질을 발견하고자 자연의 직접 모사가 아닌 인간의 질서인 기하학적 재구성을 탐구했다. 그는 이스탄불의 회교사원들과 지중해 건축 답사를 통해 단순한 기하학이 정사각형, 입방체, 구형 같은 입체를 지배함을 발견하고 기하학적 구축을 자신의 변함없는 조형 원칙으로 삼았다. "우리 눈에는 모든 것이 기하학적입니다. 건축적 구성은 기하학적이며 주로 시각적 질서"이자 "양과 관계의 판단이며, 비례의 감상"[247]이라는 언급은 그가 기하학을 통해 올바른 관계성, 적절한 비례감 등을 성취하고 질서와 조화를 구현코자 했음을 보여 준다.

기하학은 종이에 그려지거나 프랑스식 정원처럼 기하학적으로 화단이 꾸며진 경우 등에는 가시적일 수 있지만, 대부분 구성 속에 잠재해 있다. 잠재됐으나 완벽한 상호관계는 합리와 이성에의 열망을 충족시키고, 플라톤적 원형들이 지닌 원초성은 감성을 두드린다. 복잡한 형태는 단순성을 담지 못하지만, 모든 있음을 내포한 없음을 보여 주는 말레비치의 작품 〈검은 사각형〉에서처럼, 단순함은 모든 복합성을 수용할 수 있다. 그것은 바로 혼란스러운 세상의 무질서를 진정시키고 정화할 수 있는 단순 형태의 가능성이다. 기하학으로 순수한 정신의 창조물인 건축의 얼개를 구축하여 감동스런 관계를 성취할 수 있다는 소신은, 르코르뷔지에가 건축을 감感의 유희가 아닌 '부단한 탐구recherche patiente'의 대상으로 여기며, 그 결과로 정리된 객관적 체계가 주관적 인지와 모순되지 않음을 확신했음을 보여 준다. 공간의 수리적 성질을 연구하는 고차원적 정신활동인 기하학이, 본래 땅을 측정한다는 의미로서 나일강의 잦은 범람 후 토지를 적절하게 재분배하기 위해 고대 이집트인들이 도형을 연구한 데 기원한다는 사실은, 기하학의 바탕이 추상성을 넘어 경험과 실용이라는 건강함을 담보하고 있음을 보여 준다. 이것을 페레의 권유로 수학을 독학했던 르코르뷔지에가 알고 있지 않았을까?

18세기 프랑스 도로교량국의 수석공학자 페로네R. Perronet, 1708~94는 특이하게 길거나 얇은 교량 스팬을 위해 역학과 재료의 강도를 고려한 과학적 계산이 요구됨을 간파했다. 수학자 벨리도르B. F. de Bélidor, 1698~1761는 비과학적 방법을 파기하고 수학이 건축에 제공할 수 있는 도움을 최대한 활용할 것을 건축가에게 권유했다. 이런 사례는 건축과 과학의 접목 필요성이 증대하면서 자연스럽게, 수학이 지닌 논리성, 합리성, 정확성이 당시 전위건축가들을 매료시켰고, 그 중 공간을 구축하는 건축과 전통적으로 관련 깊은 기하학이 건축에서 다시 부각되는 자연스러운 과정을 추론케 한다. 르코르뷔지에는 내심 스스로를 관계들의 인식인 비례를 향해 인도하는 엄밀성의 감각을 마음속 깊이 지닌, 수학을 모르는 수학자로 여겼다.[248] 아름다운 관념의 우주인 수학의 세계를 향해 그가 지녔던 깊은 관심에서, 수학의 아름다움을 칭송하고 수학이야말로 진리에 이르는 중요한 통로라고 여겨 수학을 통해 자연의 본질을 찾고자 애썼던 인류의 위대한 정신이 엿보인다. 진실에 대한 가장 분명하고 아름다운 진술은 궁극적으로 수학적 형태로 흔히 나타난다. 나무의 줄기와 가지, 잎과 잎맥에서도 수학적 연결 관계가 분명히 있음을 발견한[249] 르코르뷔지에는 자연은 수학의 지배를 받으며, 인간이 창조한 우주가 건축인데 이 우주가 자연의 법칙을 따르므로 결국 건축도 수학적 원리로 이뤄져야 한다고 보았다.

　영국 수학자 스튜어트Ian Stewart, 1945~는 우리를 수학의 세계로 끌어들이는 것은 다양한 패턴들이라고 말한다.[250] 수학의 발전 과정이 인류가 자연의 패턴을 발견하고, 그것을 설명하고, 그 패턴 속에 숨어 있는 질서와 규칙을 밝히려는 노력과 병행되어 왔다는 것이다. 아름답고 유용한 패턴에는 수數의 패턴, 기하학적 패턴, 운동의 패턴 등이 있다. 인간 정신과 문화는 우리가 수학이라고 부르는 이런 숱한 패턴들을 인식하고 분류하고 이용하는 정형화된 사고체계를 발전시켜 왔다. 이와 같이 패턴의 과학인 수학에서 삼각형, 사각형, 오각형, 육각형, 원, 타원, 나선형, 정육면체, 구球, 원뿔처럼 자연에서 찾을 수 있는 단순한 기하학적 도형과 건축의 조우는 필연이다.

건축 구성에 기하학을 도입하는 이유나 방법은 다양하다. 현대건축에서 기하학을 적용한 대표 격인 일본 건축가 안도Tadao Ando, 1941~[251] 같은 경우에는 장소가 지닌 특성을 끌어내기 위해 건축 구성에서 기하학을 적극 활용한다.[252] 안도는 르코르뷔지에의 건축을 보고 감명 받아 뒤늦게 건축을 시작하여 대가의 반열에 오른 건축가다. 대지의 특성을 살리기 위해 기하학적 형태를 매개로 자연과 건축이 대화하는 것이다. 기하학을 "자연에 대한 이성의 상징으로서 건축이 자연의 생성물이 아니고 인간의 의지를 표현하고 있음을 각인하는 것"[253]으로 여기는 안도는 자연의 유기적 형태에 대해 기하학적 특성을 건물군에 부여함으로써 생기는 상호 대립적인 관계를 즐긴다. 정합성이 높은 기하학적 규율과 정돈되지 않은 인간의 일상사가 서로 조화를 이룸으로써 신선한 공간을 만들 수 있을 것으로 기대하는 것이다. 건축의 형태로서 원이나 정방형, 장방형의 순수한 기하학을 선택한 안도는 기하학적 형태를 이렇게 단순한 형태 조작이 아닌 공간 구축과 장소 구현으로서의 본질로 여긴다. 안도가 알버스Josef Albers, 1888~1976[254]의 회화 작품 〈정방형 예찬Homage to the Square〉에서 포착한, 단순한 기하학적 질서의 통제 아래 미묘한 비대칭과 색채를 사용한 깊이감과 역동성 표현이라는 영감은 그의 건축 주제가 되었다.

소규모의 단순한 기하학적 구성에서 프로젝트 규모가 커진 1985년 이후 안도의 작품들은 기하학적 형태들을 상호 관입시킴으로써 생기는 내·외부의 긴장 효과를 노린다.[255] 기하학은 건축에서 개별 형태 요소의 위치와 크기를 구체적으로 결정하고 부분이 집적된 전체를 큰 질서 속에 통합하는 수단이자 공간을 보다 쉽게 통제하고 제어하는 장치다. 기하학의 상호관입은 안도 건축의 외형적 특징을 이룰 뿐 아니라 기하학이 지닌 원형原型적·완결적 공간과 기하학들 사이의 충돌에서 파생한 이형적 틈새공간을 순차적으로 지각시켜 방문자의 주의 깊은 이동을 전제로 한 안도 건축의 공간 전개에서 효과를 발휘한다. 건축이 기하학적 도형이나 논리적인 공식에만 질식되지 않고 미적 감동

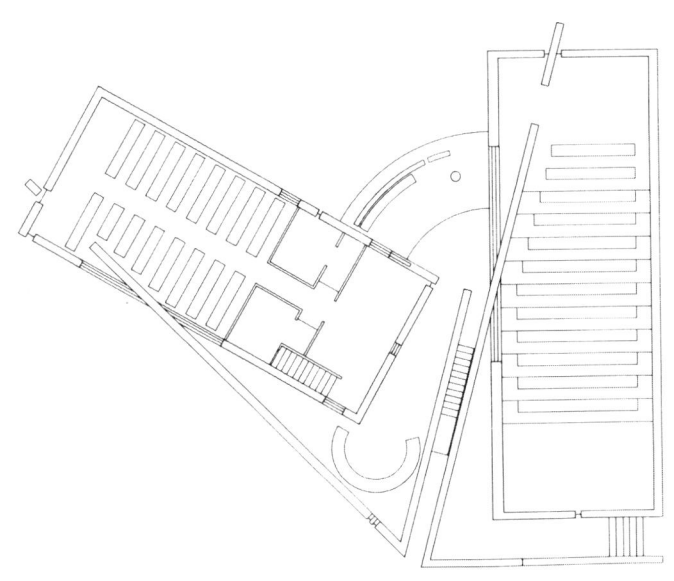

안도 다다오, 빛의 교회1987-89와 주일학교1997-99 1층 평면도, 이바라키

을 불러일으키는 데에는 이와 같은 파격이 매우 유용하다.

르코르뷔지에는 "건축은 분석에서 종합에 이르는 일련의 사건이며, 깊은 심리적 감흥을 불러일으키는 아주 정확하고 압도적인 관계를 창조함으로써 정신을 승화시키려고 노력하는 사건입니다. 또한 해결책을 깨달으면서 느끼는 진정한 정신적 환희며, 작업의 각 요소들을 다른 것들과 통합하고, 전체를 환경과 대지라는 다른 실재에 통합하는 수학의 명쾌함에서 얻을 수 있는 조화로운 감각이라는 것입니다"[256]라고 말한다.

과정과 내용, 결과의 소득과 그 의미까지 건축 설계 작업의 특성을 다각도로 조명한 이 언급은 이 책 전체를 통해 다뤄지는 건축 정의를 폭넓게 담고 있다. 부과된 요구와 고려해야 할 조건들을 면밀히 분석하고 다양한 변수들의 위상을 조정하면서 내·외부의 기능성, 공간성, 상징성을 찾아가는 종합 행위인 건축을 진지하게 대하는 이들이 힘들고 어려우면서도 좋아서 열심히 일하는 이유를 보여 주기도 한다. 주변 환경을 포함한 모든 고려사항을 도출, 분석, 종합하여 명쾌한 관계와 조화를 성취해 나아가며 정신적 기쁨을 느끼는 과정은 마라토너가 뛰면서 고통을 잊고자 분비하는 베타 엔도르핀으로 인해 러너스 하이 Runner's High라는 희열을 느껴 마라톤에 중독성을 느끼는 것과 비슷하다. 창조적 에너지와 삶의 욕구가 분출하고 일종의 황홀감마저 느껴진다. 이러한 미학적·시적 상태가 창조된 형태를 수반한다. 아래의 인용처럼 계산을 그림으로 표현한 것이 기하학인 만큼 기하학이 부여하는 수학적 명쾌함은 건축을 통한 정신적 만족을 허락한다.

"기계는 계산이다. 계산은 정확한 분석에 의해 우리가 어렴풋이 아는 우주를, 또한 삶의 질서라는 명백한 증거들에 의해 주변의 자연을 우리의 눈에 설명해 주며, 우리의 자연적 능력을 보완하는 창조적 인간 체계다. 계산을 그림으로 표현한 것이 기하학이다. (중략) 기계는 기하학 그 자체다. 기하학은 우리의 가장 위대한 창조물이며, 우리는 그것에 매혹된다."[257]

이 발언도 시대정신의 상징인 기계에서 수학, 기하학으로 이어지는 르코르뷔지에의 사고 과정을 보여 준다. 그는 엔지니어처럼 기하학으로 우리의 눈을, 수학으로 우리의 정신을 만족시키면서 기하학적 형태를 이용할 것을 주장하며[258] 엄격한 프로그램에 따라 작업해야 하는 엔지니어들이 형태를 만들고 규정하는 선을 사용하여 명쾌하고 인상적인 조형물을 창조하는 것을 본받고 싶어 했다. 종합하고 창조하는 건설자가 분석하고 수학을 응용하는 엔지니어[259]의 정신을 적극 수용해야 함을 거듭 강조한 것이다.

건축을 원재료를 사용하여 감동적인 관계를 수립하는 것,[260] 실용적인 필요를 초월한 것[261]으로 본 르코르뷔지에에게 기하학은 감정을 불러일으키는 비례[262]를 구성하고 우리의 감동과 자연의 아름다움, 우리의 힘에 대한 생생한 이해, 이 모든 것을 건축적 조직 체계에 통합하는[263] 수단이었다. 그 이유를 과학이 우주의 현상을 드러내면서 우리에게 커다란 창조적 능력을 주었고, 건축은 인간의 창조에 필요한 조건이기 때문이라고 말하는 그에게 기하학은 조형적 창조물이자 지적인 사색이며 고등 수학인 건축[264]이 과학과 접목하는 장이었다. 프랑스 곤충학자 앙리 파브르 Henry Fabre, 1823~1915는 기하학을 자신의 사고를 이끌어 주는 스승과 같은 존재로서 뭔가 얽혀 있는 것을 풀어 주고 중요치 않은 것을 제거해 핵심만을 추출해 주며 동요하는 것을 진정시켜 주고 혼잡한 것을 걸러내어 명료하게 만들어 주는, 모든 수사법을 능가하는 어떤 것으로 여기며 기하학에 깊은 관심을 가진 덕분에 많은 젊은이들을 감동시킨 글을 쓸 수 있었다고 고백했다.[265] 마찬가지로 기하학에 대한 르코르뷔지에의 통찰은 자신의 건축 작품에서뿐만 아니라 자신의 건축 정신을 정제하는 글쓰기 작업에도 분명 영향을 미쳤을 것이다. 영혼의 시인이 아니고는 될 수 없다는 진정한 수학자가 행하는, 최대한의 상상력을 요구하는 과학인 수학을 건축과 비견하다고 여긴 것에서도 "감동적인 관계를 통해 정신적 숭고함의 상태, 수학적 질서, 사색 및 조화를 인식하게 하는 훌륭한 예술"[266]인 건축을 찾아가는 르코르뷔지에의 행로를 짐작케 한다.

질서로부터 만족을 얻는 건축

볼륨이라는 용어를 강조하면서 그랬던 것처럼, 르코르뷔지에는 '질서'라는 용어를 《건축을 향하여》에서 다양한 관점으로 50회나 언급했다. 형태의 배치를 통해 정신의 순수한 창조물인 질서를 실현하는 것이 건축가의 중요 임무임을 강조한[267] 르코르뷔지에는 고착된 공식을 믿지 않고 모든 것은 관계[268]라고 갈파하며 고도의 질서로부터 만족을 얻는 건축[269]과 질서의 정신, 의도의 통일성, 관계에 대한 감각인 건축[270]을 추구했다. 그리스 학문이 정의의 형상, 아름다움의 형상, 국가의 형상 같은 '형상'을 주로 탐구한 반면에 근대 이후의 학문은 태양과 지구의 관계, 수요와 공급의 관계 같은 '관계'를 주로 탐구했다. 구성원 사이의 조화로운 관계의 가능성을 보장해 주는 제도와 규칙의 집합이라는 사회학적 관점에서의 질서 개념을 르코르뷔지에는 공간과 볼륨의 관계로 형성되는 건축에 대입했다. 가로와 집들로 이루어진 어떤 대지에서 볼륨들이 볼썽사납게 뭉쳐지지 않고 배열이 흐트러지지 않은 채 정연하게 위치해 있고 명쾌한 리듬을 표현하고 있다면, 공간과 볼륨의 관계가 올바른 비례가 되어 있다면, 관찰자의 눈은 조정된 감정을 두뇌에 전달하고 이때 감지된 질서는 우리 마음을 충족시킨다는 것이다. 이렇게 르코르뷔지에는 우리에게 질서의 척도를 제공하는 것이 관계이며, 앞서 본 것처럼 건축을 감동적인 관계를 통해 수학적 질서를 인식하는 예술로 생각했다.[271] 관계성을 통한 질서의 인식은 섬세한 수학을 통해 가능한데,[272] 질서를 바탕으로 하는 것은 숫자에 근거한다고 본 것이다.[273] 수數는 가장 간단한 수학적 대상일 뿐이지만, 그것을 통해 숱한 분야의 수학이 단련되고 연마되는 원료이자 소재가 되는 수학의 정수精髓로서 모든 것 속에 스며들어 영향력을 발휘한다.

이렇게 수학과의 관계성을 통해 파악한 질서가 적용된 예로서 르코르뷔지에가 여러 번 거론한 것이 '조정선tracés régulateurs'이다. 스승 레플라트니에의 주선에 따라 보석 디자이너를 위해 그가 고향에 설계한 최초 건물인 팔레 주택Villa Fallet, 1906~07은 그가 평생 사용한 황금비黃金比, Section d'Or[274]가 적용된 첫 사례였다. 그는 이후 말년 작품인 찬디가르Chandigarh 주州정부의 건물들1951~62[275]에 이르기까지 황금비를 줄곧 적용했다.[276] 이 황금비에 더하여 여러

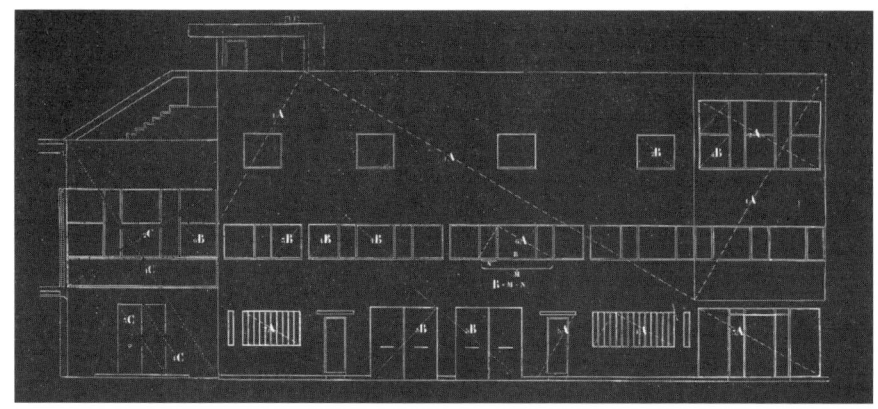

르코르뷔지에, 라로슈-장느레 주택 파사드에 적용된 조정선

종류의 개구부가 있는 파사드를 구성할 때 독단에 대항하는 보증이자 창의적이고 조화로운 관계 추구로 이끄는 정신적 질서를 만족시키는[277] 방안으로 조정선 활용을 적극 제안하여 비율의 발명과 채움과 비움의 선택을 통해 시적 창조물을 만들고자 한 것이다.

르코르뷔지에는 고향에서 학교를 졸업할 때 즈음 학업과 실습을 통해 이미 기하학적 조작에 능숙했고 여러 선각자들의 저서와 실무를 통해 건축에서의 비례와 조정선 원리를 숙지하고 있었다.[278] 그가 제안한 조정선은 '황금분할'을 기초로 한 파사드 정돈법이다. 서로 직각을 이루며 만나는 대각선들의 유희와 수평선들 사이에 1, 2, 4와 같은 산술적인 질서 관계에 기초를 둔 수학적 정돈을 추구하면서 평면을 감안한 지적인 산물이다. 그는 자신의 저서에서 원시사원의 배치, 아캐미니언Achaemenian식[279] 둥근 지붕, 피라에우스 병기고와 노

르코르뷔지에, 팔레 주택의 파사드, 라쇼드퐁, 1905~06

트르담 대성당, 주피터 신전과 베르사유의 프티 트리아농Petit Trianon 등의 파사드에 이미 내재되어 있는 비례를 이용한 파사드 정돈법을 역사적 배경으로 제시했다.[280]

르코르뷔지에는 '건축적 산책' 개념이 적용된 초기 사례이자 주파사드에 조정선이 적용된 라로슈 주택의 고품격을 얘기할 때 자신이 학교 밖, 제도권 교육의 밖에서 공부하여 익힌 조형미학을 이성理性과 압도적인 단순성의 정신을 가지고 대부분의 사람들, 특히 그것을 간파하고 이해할 수 있는 풍성한 사람들을 위해 적용했다고 말했다.[281] 그의 판단을 따르면 건축가의 감각으로만 제어되면서 각 개구부의 위치와 크기까지 상호 연관성을 설명하는, 일일이 선을 그려 보지 않으면 확인되지 않아 소수의 수준 높은 미의식 소유자만 무의식적으로 감지할 수 있을 조정선은 겉으로 드러나지 않는 것조차 철저히 의도된 건축을 원하는 르코르뷔지에의 집념을 보여 준다. 그 결과로 하나의 입면 여기저기에 필요에 따라 산재된 것처럼 보이는 문과 창들 사이에도 사실은 기하학적 연관성이 엄존하여 질서와 조화가 구가되고, 균형이 수립된다.

르코르뷔지에는 앞서 고찰한 표준도 인간의 작품에서 기울여진 질서에 대한 필요성이 낳은 결과로 보았다.[282] 주택의 경우 표준이란 실용적 질서와 구축적 질서에서 비롯되며, 미적인 영역에서 인간의 흥미는 감각적 질서나 지적인 질서에서 비롯된다고 생각했다.[283] 필요에 응해 건축 계획안을 구상하고 그것을 실제로 구축할 때, 그 형태와 공간으로 인해 유발되는 감흥을 염두에 둘 때 물질적·정신적 질서의 확립을 중시했음을 알 수 있다.

기하학과 질서의 연관성은 앞에서 별도로 다룬 것처럼 매우 밀접하여 이미 여러 차례 언급됐다. 르코르뷔지에가 질서와 연관해 언급한 '직각'에 대한 견해도 기억할 만하다. 르코르뷔지에의 저서 《도시계획》은 구불구불한 '당나귀 길'이 아닌 직선인 '인간의 길'이 필요하다는 데서 시작한다. 사람은 목적이 있기 때문에 똑바로 걷는데, 가는 곳을 알며 어디로 갈 것인지를 정한 후 그곳을 향해 똑바로 걸어간다는 것이다.[284] 도시 정돈의 기본이 되는 직선에 대한 언급 이후 다음 장에서는 이 직선들의 직교 상태를 언급하며, 우주의 평형 상태를 유지하는 중력의 법칙이 가시화된 수직선과 바다의 수평선이 만드는 직각을 세계를 평형으로 유지하는 힘의 총체와 같다고 보았다.[285] 몬드리안은 지구에 생명을 존재케 하는 태양광의 수직적 발산과 태양 주위 지구 궤도를 따른 수평적 회전 운동으로 수직·수평의 직교를 설명하며 새로운 시대에 맞는 예술의 형태로 균형과 조화의 평형을 표현하고자 형태 구성의 새로운 양식으로 수평·수직선의 회화를 제안했다. 두 사람 모두 수평·수직을 우주의 평형된 기본 구조로 이해한 것이다.

르코르뷔지에는 '직각'을, 완벽한 엄밀성으로 공간을 규정하는 데 쓰이므로 일하기 위한 필요충분조건을 갖춘 도구로서 결정론의 한 부분이며 의무로 이해했다. 무수히 존재하는 다른 각들과 달리 유일하고 불변인 직각은 다른 각들을 마음대로 할 권리가 있다고 여겼다.[286] 건축가 시리아니는 반두스뷔르흐의 작품인 〈구성 13 Composition No 13〉에서 르코르뷔지에의 견해를 바탕으로 직각 공간의 특성을 유추하여 "직각은 모든 것 중 가장 고능률적인 형태다. 이것

반두스뷔르흐, 구성 No 13, 1918

은 오목하면서도 동시에 볼록하며, 따라서 다음 두 가지 능력을 동시에 갖고 있다. 즉 공간을 붙들기도 하면서 물리치기도 하는 것이다. 직각은 가장 많은 것을 받아들이며 또한 가장 큰 차이를 만들어 낼 수도 있다"[287]고 말했다. 직각이라는 확고한 틀이 있으면 그 주변의 부수적인 것들은 느슨하게, 자유롭게 있어도 혼돈스럽지 않고 중심을 잡을 수 있다. 엄격과 파격의 공존이 질서가 내재된 자유로움을 누리게 한다. 실제 시리아니의 제1차 세계대전 추모 기념관 l'Historial de la Grande Guerre Mondiale, Péronne, 1987~92 같은 작품은 최소한의 면으로 '공간을 유지하는' 능력을 선보인다. 이 추모 기념관의 전시실에서 불투명한 직각두 닫힌 벽이 만나 이룬 직각은 전시공간에 필요한 안정감과 집중성을 확보하고, 빛에 할애된 나머지 두 면전창이거나 고측창을 통해 상부에서 유입된 자연광을 반사하는 벽은 전시실의 폐쇄적 느낌을 완화시킨다. 이때 빛은 동선을 동반하고 다음으로 가야 할 곳을 지시한다.[288]

르코르뷔지에가 미켈란젤로의 주피터 신전 파사드 사진을 보고 있다가 거

앙리 시리아니, 제1차 세계대전 추모 기념관의 남서측 외관, 페론, 1987~92. 필로티 위에 떠 있는 긴 수평성이 기념관의 주제인 '평화의 작품 Oeuvre de paix'을 드러내고 있다.

154

기서 직각이 구도를 지배하며 직각의 위치가 전체 구도를 통제한다는 사실을 발견한 것은 그에게 하나의 계시이자 확신이었다.[289] 질서는 인간 행위에 결집력과 일관성을 부여하고 인간에게 필수 불가결한, 창조의 가장 높은 단계에서 예술작품이 지향하는 것으로 작품이 시간을 초월하여 존속케 하고 감동의 대상으로 남게 한다.[290] 이는 건축과 도시계획에서 직각을 통해 기하학적 정신에 의한 생명력을 얻음으로써 고취된다. 직각이 주는 감명을 받고 고도의 질서를 느낀 아크로폴리스의 기억[291]을 간직한 르코르뷔지에에게 질서이자 안정

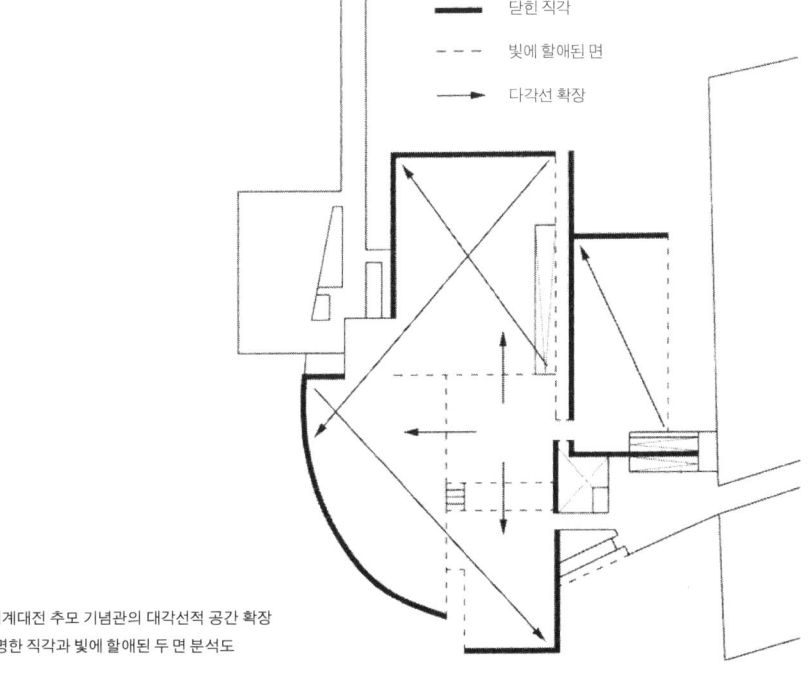

제1차 세계대전 추모 기념관의 대각선적 공간 확장
및 불투명한 직각과 빛에 할애된 두 면 분석도

이며 아름다움인 직각은[292] 건축의 필연이었다.

조화의 심오한 전달

부분과 부분, 부분과 전체의 비례를 통해 나타나는 조화는 둘 이상 요소들 간의 상대성에서 발현된다. 여러 부분들 간의 분명한 조화를 성취하는 것이 이미 고전건축의 목적일[293] 만큼 건축과 조화의 연관성은 깊다. 르코르뷔지에는 우리의 내면 깊은 곳에서 우리의 감각을 넘어서 진동하기 시작하는 일종의 공명에 의해 조화로움을 판단할 수 있게 되며, 그 기준으로 이때 우리 존재 깊은 곳에 자리 잡은 절대성의 자취가 발휘된다고 믿었다. 즉 조화로운 대상에서 울리는 진동수가 그것을 인식하는 사람에 의해 울리는 공명으로 인해 공감된다는 것이다. 입체감이 정밀한 눈, 코, 입 등 각 부분이 조화롭게 배치된 얼굴이 잘 생긴 모습이라는 것에 우리 대부분이 동의하는 것을 보면 이해가 쉽다. 이때 인간 속에 내재된, 아무것도 따르지 않고 모든 조건을 초월하여 독립한 완전한 실재인 절대絶對가 발동되어 공감의 기준을 이루는데, 이는 주관적이기보다는 객관적인 가치다. 이렇게 우리 내부에서 진동하는 공명판이 조화에 대한 우리의 기준이다. 르코르뷔지에는 이 공명판이 그 위에 자연이나 우주와의 완벽한 조화 속에서 인간이 조직한 축이어야 하며, 또한 이 축은 자연의 모든 현상과 대상들에 기초하는 것이어야 한다고 주장했다. 그가 조화를 인간에게 내재하는 축과 일치하는 순간, 또 우주의 법칙과 일치하는 순간, 우주적 법칙에의 귀착으로 정의한 이유다.[294]

우리는 학창시절에 들었던, 독일 천문학자 케플러Johannes Kepler, 1571~1630가 명명한 '조화의 법칙harmonic law'을 기억한다. 행성들의 물리량 사이에 어떤 조화로운 관계가 있을 것으로 굳게 믿은 케플러는 행성의 공전궤도 반지름의 세제곱과 공전주기의 제곱이 비례한다는 법칙을 발견한 후 이것이 우주의 조화를 나타내는 것이라 하여 그렇게 이름 붙였다. 빙산의 일각에 불과한 이런 우주법칙의 발견은 행성과 위성이 자전까지 하면서 각각의 궤도를 따라 엄청나게 빠른 속도로 공전하는 역동성을 지녔음에도 힘의 평형 상태를 유지하는 불가사의한 우주의 신비 속에 깃든 조화로움을 조심스럽게 드러낸다. 이런 우주의 신비는 소우주인 건축에도 존재하여 르코르뷔지에는 앞서도 거론된, 미켈란젤로가 설계한 주피터 신전의 다양한 요소들 사이에 조화가 군림함을 간파하고 조화를 관계성-통일성으로도 정의했다. 획일성이 아니라 대조에서 오는 수학적 통일성 말이다.[295]

우주가 지닌 규범과의 합의 상태인 조화[296]에 대한 르코르뷔지에의 정의에 따르면, 그의 책에서 질서와 마찬가지로 수학적 명쾌함에서 얻어지는 조화[297]에 대한 언급이 주로 엔지니어와 그들이 만드는 산업 생산품과 연계되어 나오는 것이 이상하지 않다. 르코르뷔지에는 경제의 법칙으로 고무되고 수학적 계산의 통제를 받으면서, 자연의 법칙에서 도출한 수학적 계산을 활용하여 건축을 하는 엔지니어의 작품에서 조화를 느꼈다.[298] 조화의 근거가 결코 변덕의 소치가 아니라 주위 세계와 어울리는 논리적이고 일관성 있는 건설의 결과이기 때문이다. 그는 순수를 지향하며 우리의 감탄을 자아내는 자연의 객체들과 동일한 진화법칙을 따르는 유기체로서 양심과 지성, 정확성과 상상력, 과감성과 엄격함으로 제조된 산업 생산품에 조화가 내재되어 있음을 간파했다.[299] 객관적 미와 조화를, 심지어 주관적 미까지 내재된 기계[300]의 기적은 조화로운 기관들을, 즉 경험과 발명에 의해 순수해지기까지 완벽에 접근하는 조화의 기관들을 창조하는 데 있다고 보았다.[301]

이렇게 산업 생산품에서 조화를 느낀 르코르뷔지에는, 구조 전체에 영향을 미치는 평면 위에 세워진 형태들의 다양성과 기하학적 원리의 통일성 같은 규칙을 따라 발전한 성소피아 사원의 사례에서 건축 또한 '조화의 심오한 전달'임을 발견했다.[302] 이렇게 건축은 감동적인 관계를 통해 정신적 숭고함의 상태, 수학적 질서, 사색과 조화를 인식하게 하는 훌륭한 예술이라는 것이다. 단순한 민족이나 농부, 원시인들에게는 감각적이고 초보적인 질서에서 비롯된 장식이면 충분하지만, 지적인 재능을 자극하고 흥미를 끄는 조화는 문화인의 욕구를 충족시켜 주는 것이었다.

조화에 대한 이러한 인식은 그가 자신의 세계도시 Cité mondiale, 1929 프로젝트를 설명할 때 언급한, 조화의 특질이 잘 부과된 실용적인 문제에 대한 단순한 대답 이상의 것에 기인한다는, 다시 말해 서정미의 어떤 상태 덕분이라고 여긴 것[303]과 연관된다. 그가 이때 말한 서정미의 의미는 조금 더 앞의 문장에서 찾아볼 수 있다. 그는 부에노스아이레스라는 남아메리카 대도시의 전형적으로 떠들썩한 무질서에 새로운 의식 상태, 즉 빛나는 기하학적 프리즘을 대비시키면서, 이 새로운 기하학적 프리즘을 차가운 이성과 서정이자 순수한 인간 창조물이라고 묘사했다.[304] 이때 감정이나 정서를 시나 글 따위로 나타내는 일인 서정을 질서와 미, 조직과 조화에 대한 사랑이라고 했다. 우리가 고찰하고 있는 새로운 건축의 핵심어들이다.

르코르뷔지에가 1943년부터 연구를 시작하여 1947년 미국 디자인협회 연례회의에서 처음 발표했고 1950년과 1955년에 두 권의 책으로도 발간한 '모딜로르modulor'는 조화를 추구하는 시스템으로서 인체 치수를 고려하지 않은 황금비와 달리 인간의 몸, 인간의 표준치수를 감안한 황금 모듈'or'는 불어로 금을 뜻한다로서 황금비의 일부다. 조정선과 황금비의 원리를 바탕으로 '비례격자Grille des proportions'를 발명하고 여기에 인간 치수를 넣어 '비례자Règle des proportions'를 도출한 후 마침내 신장 1.78m손을 들었을 때 높이 2.2m의 척도에서 모딜로르의 이중비례인 두 개의 피보나치수열을 찾기에 이르렀다.[305] 기준이 되는 평균 키를 1.78m에서 1.83m로 올려 마침내 피트와 인치라는 영국식 측정체계와 일치하게 된 모딜로르는 이렇게 수학적 속성과 인체 치수에 근거하여 건축이 인간 척도를 반드시 고려하는, 인간의 움직임과 활동을 담는 용기가 되게 했다. 1946년 프린스턴에서 르코르뷔지에로부터 모딜로르에 대한 설명을 직접 들은 아인슈타인은 이것을 '잘못된 점은 어렵게 만들고 잘된 점은 쉽게 만드는 비례의 음계'로 높이 평가했다.[306] 1940~50년대에 진행된 일이었지만 학창시절부터 이미 관심을 가졌던 비례를 통한 질서와 조화 구축 연구가 마침내 성과를 이룬 것이다. 이렇게 인간 척도를 바탕으로 한 측정체계는 1940년대 중반 이후 계획된 위니테 다비타시옹, 롱샹 순례자 성당, 라투레트

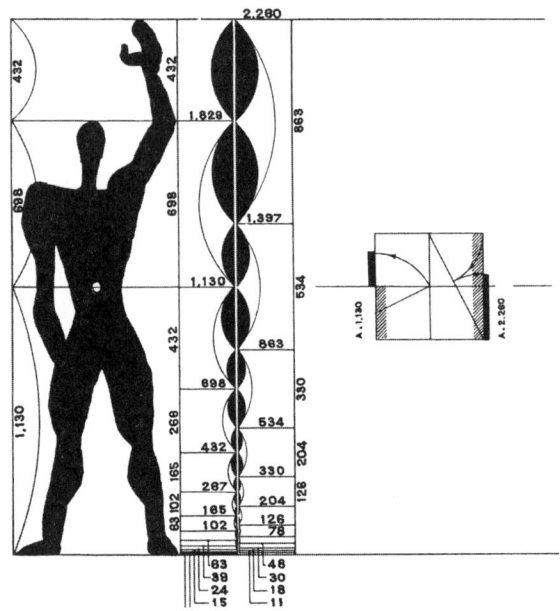

르코르뷔지에, 모뒬로르

수도원, 청소년 문화의 집Maison des Jeunes et de la Culture, Firminy-Vert, 1955~65, 찬디가르의 주정부 건물 등 말년의 대표작에 전반적으로 적용됐다.

앞에서 르코르뷔지에가 생각하는 조화를 설명하기 위해 언급된 비례, 울림, 공명, 자연과 우주와의 관계, 수(학), 역동성 같은 단어들은 이후 현대철학을 빌어 르코르뷔지에의 모뒬로르에 드러난 조화의 의미를 찾아가는 연구에 연결고리가 됐다.[307] 이 연구들이 인용하는 프랑스 철학자 질 들뢰즈Gilles Deleuze, 1925~95와 정신분석학자 펠릭스 가타리Félix Guattari, 1930~92의 저서《천 개의 고

르코르뷔지에, 피르미니의 위니테 다비타시옹 벽에 새겨진 모뒬로르, 피르미니 베르, 1955~67. 그의 여러 건물들의 벽에 모뒬로르가 부조되어 있다.

원*A Thousand Plateaus*》1982에 나오는 공명을 이루는 요소인 '리토르넬로ritornello' 개념은 르코르뷔지에의 공간 및 조화의 개념과 연계된다.[308] 이 연구들은 비례를 '형태적 비례'와 '공간적 비례'로 구분한다. 형태적 비례는 전체를 지향하여 부분에서 전체로 나아가며 비례 자체가 매우 엄정하게 적용된다. 반면 공간적 비례는 전체 속에서 부분의 비례를 지향하고 비례의 적용이 보다 유연하되 그 틈 사이를 '공명'으로 메운다. 그리고 모뒬로르가 드러내는 이 공간적 비례 개념에 의거해 모뒬로르의 목적이 리토르넬로 개념으로 그 의미를 설명하려고 시도한 조화를 이루는 데 있음을 논증한다. 총체성을 지향하면서도 형태적 비례와는 달리 보다 유연하며 변화 가능성을 내포하는 통일성을 이루는 공간적 비례는 르코르뷔지에가 '율동' 또는 '리듬'이라고 말하는 역동성을 지녔다고 보았다. 모뒬로르가 건축을 규격화하여 획일성을 조장했다는 일부의 오해를 불식시키고 세계와의 조화를 생각했던 르코르뷔지에의 진의를 드러내는 이와 같은 연구는 지금도 세계 각국에서 활발히 진행되는 그의 건축에 대한 연구가 앞으로도 계속 필요함을 보여 준다.

빛자연광을 기본으로 하는 건축

지중해의 빛

건축은 살아 있어 움직이며 스스로 일곱 가지 색으로 분해되는 빛에 의지한다. 건축은 사실상 건축의 최초 질료인 빛에 의해 연주된다. 화가가 붓 터치로 그림을 드러내듯이 건축은 빛의 모습을 그린다. 시간을 보여 주는 빛의 여정은 시간의 흐름이 천천히 투영되는 해시계인 건축에 새겨진다. 빛은 사람에 따라 신의 임재이기도, 생명의 분출이기도, 자연의 환대이기도, 희망의 상징이기도 하다. 빛은 슬픔의 어둠을 거둬가기도 하고 휴식의 그림자를 마련하기도 한다. 이렇게 빛은 사람마다 각자의 체험으로 다가간다. 때로 그림자도 빛을 낸다. 빛과 그림자가 어우러져 나타나는 자연적 언어는 건축의 의미를 드러내는 강력한 수단이다.

르코르뷔지에가 빛의 진면목을 발견했던 남부 유럽의 자연광은 관광엽서의 주제가 될 만큼 일반인들에게도 호소력을 지닌다. 한 예로 스페인 지중해변의 어느 구시가지 골목길 양편에 늘어선, 건축가가 아닌 사람들에 의해 지어졌을 법한 오래된 희고 단순한 집들에 내려쬐인 밝은 빛은 맞은편의 짙은 그림자와 함께 깊은 인상을 던진다. 그곳의 흰 벽은 공해의 때도 비껴가는지, 눈부시게 깨끗하고 아름답다는 상투적 표현이 가장 잘 어울린다. 짙푸른 하늘을 인 5월 1일 노동절 같은 축제일에 골목길들을 잇는 작은 공터나 대로변의 광장마다 정열의 춤 플라맹고와 투우를 묘사한 박력 있는 춤 파소 도블레가 넘쳐흐를 때도, 나른한 오수午睡, sieste의 유혹이 스멀스멀 다가오는 조용한 평일 오후에도 골목과 작은 광장의 하얀 집들을 눈이 시리게 비추는 빛은 창가마다 매달린 장미와 제라늄, 베고니아를 희롱한다.

르코르뷔지에가 저항할 수 없는 매력에 압도당한 지중해의 마을과 도시를 여행하며 감복했던 빛도 이와 비슷했으리라. 젊은 시절 그가 본 것은 스페인이 아닌 이탈리아와 터키, 그리스였지만 집들의 모습은 마찬가지로 내부의 삶을 표상하는 빛나는 외피였다. 그 집들은 가장 작은 오두막이기도 했고 웅대한 불멸의 유적들이기도 했다. 수학적 관계를 설정하기에 충분한 기하학을 담고 있기에 수수하거나 숭고한 모든 것 안에 건축이 있었다. 그 건축은 빛 아래 나타나는 형태들의 놀라운 유희였다.[309] 르코르뷔지에가 경험한 지중해의 감동은 단순히 빛과 색채에 대한 것 이상으로 예술성 자체의 근원적인 감동이라 볼 수 있고, 그것이 새로운 예술의 창조를 가능케 하는 매체가 됐다는 것에 더 큰 의의가 있다.

빛, 건축의 기본

공간과 빛이 창출한 운율의 걸작인 브루스 푸른회교사원la Mosquée Verte de

Brousse의 단면을 즐겨 인용한 르코르뷔지에는 "여러분이 상상하듯 나는 빛을 자유롭게 사용합니다. 나에게 빛은 건축의 기본입니다. 나는 빛과 함께 구성합니다"라고 말했다.[310] 여기서의 빛은 물론 자연광인데, 빛을 자유롭게 사용한다는 것은 빛을 건축가의 의도대로 조정하여 공간 구성에 능숙하게 활용한다는 의미다. 빛의 일차적 기능인 장소를 밝히는 역할을 넘어 전개되는 공간에서 순환동선을 지시하고 동반하며, 요소를 형성하고 확고하게 고정시키면서 공간에 의미를 부여하고 감흥을 유발하는 등 풍부한 공간성을 구축하는 멀티 플레이어 역할을 기대하는 것이다.[311] 형상에 따라 빛을 다르게 받아들이는 질료는 빛의 질에 의해 다양한 잠재력을 지니게 되므로 빛의 역할은 무궁무진하다. 온갖 조건을 감안해 가며 최선책을 어렵게 모색해 나아가야 하는 건축에서 빛을 자유롭게 사용한다는 것이 매우 높은, 얼마나 가슴 설레는 수

르코르뷔지에, 롱샹 순례자 성당의 두꺼운 남측벽을 내부에서 바라본 모습, 롱샹, 1950~55

준인지는 르코르뷔지에의 건축이 증명한다.

롱샹 순례자 성당의 두꺼운 남측벽에 나 있는 다양한 크기의 창들을 통해 유입되는 색을 머금은 빛과 라투레트 수도원 부속성당의 거친 노출콘크리트 마감을 잇게 하는 빛, 이 예배실 부속 기도실 상부의 '빛의 대포Canon de la lumière'를 통해 들어오는 빛은 비견한 예를 찾기 힘든, 빛에 의한 감동을 자아낸다. 가히 건축이 부여할 수 있는 최고의 빛이라고 할 수 있는 빛도 여기에 있다. 롱샹 순례자 성당에서 각기 다른 세 방향에서 빛을 받는 세 개의 반돔형 소채플 탑들 중에 가장 높은 22m 높이 반돔을 통해 북측광이 벽을 타고 내려오는 소채플의 빛이 그것이다. 티볼리에 위치한 아드리아나 저택에서 1910

라투레트 수도원 기도소의 빛

라투레트 수도원 기도소의 '빛의 대포'

롱샹 순례자 성당 소채플의 빛

년에 그린 스케치에 나타나는 빛 유입법을 참조한 여기서의 빛은 형언形言을 사양한다. 유리가 채색되었거나 빛을 받는 면이 채색되어 색과 반응하는 성당 내 다른 빛들과 달리 다소 거친 마감의 흰 수직곡벽을 타고 상부에서 내려오는 이곳의 빛은 소채플의 아담한 공간 안에서 청정 그 자체다. 채플 안으로 들어가 돌아서서 올려다보지 않으면 상부 맞은편의 빛 유입구가 보이지 않는다. 마술의 비밀이 밝혀지지 않았을 때 더욱 신비한 것처럼 이미 그곳에 존재하는 빛을 눈에 쉽게 띄는 인간적 유입 노력을 삼가면서 드러내는 것이다.

롱샹 순례자 성당의 동쪽, 직선거리로 약 80km 정도 떨어진 곳에 마치 큰 조각물처럼 보이는 비트라 디자인박물관Vitra Design Museum, Weil am Rhein, 1987~89이 있다. 이 작품으로 세계적 이목을 끈 미국 건축가 게리Frank O. Gehry, 1929~는 1991년 퐁피두센터 개인전을 준비하면서 여러 형상의 천창을 통해 빛을 유입시키는 방법이 가까이 있는 르코르뷔지에의 롱샹 순례자 성당과 비교되는 것

프랭크 게리, 비트라 디자인박물관, 바일 암 라인, 1987~89

에 대한 소감을 묻는 질문을 받았다. 게리는 비트라 디자인박물관을 위한 작업을 끝낸 후에야 롱샹을 방문했으며, 20세기 건축물 중 가장 아름다운 롱샹 순례자 성당과 자신의 것을 비교하는 것은 진실하지 못하다, 그렇게 질문하는 자체가 과찬이라고 대답했다. 또한 롱샹 순례자 성당 다음의 최고 건축물은 라투레트 수도원이라며 자신의 조국인 미국의 거장 건축가 라이트Frank Lloyd Wright, 1869~1959[312]의 작품들보다, 어떤 것보다도 이 두 건축물이 더 낫다고, 61세의 자신이 지금 그렇게 생각한다고 말했다.[313]

이것은 그가 롱샹 순례자 성당의 진가를 방문하기 전에는 몰랐다가 뒤늦게 알게 됐다는 진솔한 고백이다. 조각적 형상의 건축을 구사하며 여행이 일상사인 게리가 엄격하게 직각 건축을 고수하던 르코르뷔지에가 예외적으로 롱샹 순례자 성당이라는 조각적 형상 건축물의 원조를 설계해 전 세계의 이목을 집중시켰던, 자동차로 불과 한 시간 거리에 있는 이 성당을 가보지 않았다는 것은 언뜻 이해가 되지 않는다. 미국 사람인 그가 구태여 거론한, 미국이 자랑하는 라이트를 최고 건축가로 생각하고 르코르뷔지에를 내심 낮게 평가했을지도 모를 일이다. 롱샹 순례자 성당을 방문하고는 뒤늦게나마 라투레트 수도원을 황망히 방문한 데서도 그의 때늦은 후회를 감지할 수 있다.

나름의 조형미를 지닌 수작인 비트라 디자인박물관이 롱샹 순례자 성당과 품격에서 차이가 나는 이유 중 하나는 전자가 갖가지 형상의 천창을 뽐내며 감탄을 자아내지만 건축이 지나치게 나섬으로써 작위적으로 연출된 빛이 건축의 근본이라는 지위를 잃고 장식품으로 전락했기 때문일 것이다. 빛의 공간

프랭크 게리, 비트라 디자인박물관의 2층 전시공간

적 효과를 위해서는 빛이 들어오는 환경이 중요하다. 빛을 받는 면이나 볼륨이 있다면 그 모습은 가능한 평탄하거나 단순하고 완전한 형태가 좋다. 주변의 배경이 요란스러우면 장소를 밝히거나 빛을 받는 특정 대상이 주목을 끌 수는 있겠지만 자연을 인공물 안으로 끌어들이는 빛의 존재감은 약화된다.

게리의 악의 없는 실수는 말이나 글, 사진으로 설명될 수 없는 건축을 가보지 않고는 제대로 이해하기 어려움을 확인시켜 준다.

"건축가는 철학을 결코 정치적인 수완이나 이론적인 자기도취로서가 아니라 체험의 이론으로서 이해해야 한다"[314]는 충고와 같이, 건축은 머리는 물론이고 몸으로, 가슴으로 함께 받아들여야 한다. 건축을 몸과 가슴으로 느끼는 데는 현장답사를 통해 작품에 담긴 정신과의 교감이 필수다. 게리처럼 뛰어난 건축가도 가보지 않아 잘못 알았다. 공간은 체험해야 한다. 많이 보는 놈이 이긴다는 우스갯소리를 흘려들을 수 없는 이유다. 여행을 길 위의 학교로 굳게 믿는 여행가 한비야의 소신을 건축을 공부하는 우리도 공감한다.

관점에 따라 다를 수 있는 건축의 핵심 요소를 재료, 공간, 빛이라는 세 가지로 꼽은 프랑스 예술 및 건축 비평가 라공Michel Ragon, 1924~은 근대 이전 건축에서는 셋 가운데 재료가 가장 중시되었으며, 재료가 차지하고 남은 빈틈에 가까스로 빛이 들어왔으나 근대건축에서는 재료에서부터 공간과 빛으로 무게중심이 이동했다고 보았다.[315] 바로 건축의 비물질화 과정이다. 근대건축에서 자연광의 중요성 자각은 대표적 특성 중 하나지만, 르코르뷔지에는 빛의 위상을 자신이 행하는 건축의 기본으로까지 격상시켰다. 그가 책에서 여러 번 환기와 함께 위생의 관점에서 빛을 언급하기도 했지만, 무엇보다 빛을 '감정의 소통수단'으로, '감동을 유발하는 핵심인자'로 여겼던 것이다. 오늘날 자연광이 공간의 특수성을 드러내고 특징짓고 해석하는, 감동의 매개물인 건축적 요소[316]로 공인된 데에는 이와 같이 르코르뷔지에의 발언과 건축 작품을 통한 증명이 상당 부분 기여했음은 분명하다.

르코르뷔지에는 건축의 요소를 빛과 그림자, 벽과 공간으로 규정했다.[317] 1933년 아테네에서 열린 근대건축국제회의Congrès international d'architecture moderne에서는 도시계획의 주요 재료로 햇빛le soleil, 공간l'espace, 나무les arbres, 강철l'acier과 철근콘크리트le ciment armé를 거론했다. 건축과 도시계획 모두에서 빛을 전면에 내세운 것이다. 폼페이 카사 델노체Casa del Noce의 내부에서는 창을 통해 유입되는 광량에 따라 즐거움과 평온함, 슬픔의 효과가 창출됨을 포착했다.[318] 또한 외부는 늘 하나의 내부라고 하면서 폼페이 포름의 외부와 아크로폴리스 언덕에서 대지를 구성하고 있는 요소들이 방의 벽들처럼 우뚝 서 있고 이 벽들이 빛과 관련하여 빛과 그림자, 슬픔, 유쾌함, 또는 평온함을 가져옴을 체험했다.[319] 빛이 인간의 감정에 상당한 호소력이 있음을 발견한 것이다. 빛의 유쾌한 충격이나 어둠의 으스스함, 양지바른 침실의 고요함이나 어두운 구석에 가득한 고뇌를 주는,[320] 우리의 감수성에 영향을 미치는 빛과 건축의 불가분의 관계는 아무리 강조해도 지나치지 않다. 르코르뷔지에는 "건축은 빛 아래에서의 질서체계, 아름다운 프리즘 이외는 아무것도 아니다"라는 말로 빛의 비중을 거듭 강조했다.[321]

그는 물체 위에 비치는 빛과 연속되는 볼륨이 인간의 육체적·생리적 감각을 자극[322]하는 데 빛을 받는 벽^(수평적 벽인 바다 포함)을 중요하게 생각했다. 반사하는 벽들 사이에 있을 때 빛은 더욱 강렬해지는데, 이렇게 잘 조명된 벽을 세우는 일은 내부 건축 요소들의 관계를 창출하는 일이며, 이때 좋은 비례를 성취하면 좋은 건축이 된다고 보았다.[323] 빛의 존재를 명확히 하는데 벽과 같은 불투명성^(l'opacité)이 필요하며 또한 빛과의 관계에서만 이 불투명체가 공간을 정착시킨다는, 빛에 의하지 않고는 아무것도 고정될 수 없다는 빛에 대한 자각은 르코르뷔지에가 자신의 정신을 계승한 후진들에게 남긴 소중한 교훈 중 하나다. 건축가 시리아니는 이런 이유로 첫 번째 불투명체를 놓는 데서 건축이 시작된다고 여겼다.[324] 이렇게 불투명성은 빛에 존재감을 부여하고 빛을 생성하게 한다. 낮에 내부가 소등된 유리건물을 밖에서 볼 때처럼, 빛에 제동을 걸기 위한 저항이 없으면 빛은 흔적을 남기지 않고 사라지기 위해 끝없는 흑암으로

앙리 시리아니, 아를르 고고학박물관 전시공간의 북측광으로 충만한 붉은 벽. 포름을 바라보는 과거의 채색된 신전 벽을 상징하는 이 벽은 전시공간에 들어설 때 이미 출구를 통해 인상적으로 보이고 이후 넓은 전시공간을 자유롭게 다니면서도 궁극적으로 가야할 방향을 지시해 준다.

앙리 시리아니, 제1차 세계대전 추모 기념관에서 종전된 1918년 이후를 보여 주는 제4전시실 벽을 환히 비추는 평화를 상징하는 남측 빛. 4전시실로 들어갈 때 맞은편 벽이어서 이 빛이 방문객을 안으로 이끈다.

깊이 들어가는 듯하다.

이런 관점에서 보면 턴키나 현상설계 등에서 첨단의 이미지를 과시하여 눈길을 끌기 위해 동서남북 향을 무론하고 건물의 외부를 유리로 휘감는 세태는 우려스럽다. 우리나라가 세계에서 여름과 겨울의 기온차가 가장 큰 나라임을 잊고 일을 저질러 놓고는 친환경이니 에너지 절감이니 하면서 신통찮은 효과를 위해 적잖은 추가 건설비와 운영비를 요구하는 장치와 설비들을 부가하는 뒷북을 너무나 자주 친다. 여기에 자연광을 살리고 건축에 내부성을 부여하는 불투명성의 의미는 온데간데없다. 최근에 전자의 이유로 지나친 유리 외피에 제동을 거는 공감대가 형성되고 있어 다행스럽다. 거기에 후자의 이유까지 가미하여 불투명성을 제대로 적용하는 방안도 숙고되어야 한다. 제대로 열기 위해서는 잘 닫을 줄 알아야 한다.

르코르뷔지에는 새로운 건축이 바닥판을 지지하는 (내력)벽에 창문을 뚫는 모순을 지닌 과거 건축과 달리 돔이노 이론에 의해 '자유로운 파사드façade libre'가 가능해지면서 창을 마음껏 뚫을 수 있어 마침내 활기 있는 활동이 가능해졌으므로 건축은 밝게 비치는 바닥으로 이뤄졌다고 자신 있게 말할 수 있었다.[325] 그가 도전한 창문과 관련된 모험은, 이탈리아 르네상스 시대에 활동한 비뇰라가 후세를 위해 그리스 예술의 규범을 정착시켜야 한다고 믿은 것에 반하여 건축은 밝게 비치는 바닥이라고 외치는, '비뇰라로부터의 탈출' 선언이었다.[326] 밝게 비치는 바닥을 위해 꼭 필요했던 '수평창fenêtre en longueur'의 가치에 대해 그가 자신에게 철근콘크리트 구조를 가르쳐 준 스승인 오귀스트 페레와 벌였던 논쟁은 파노라마 전망을 주는 수평창이 동일한 면적의 수직창에 비해 더 많은 빛을 실내로 유입시킬 수 있다는 확신에 근거했다. 수평창이 있는 방에서 사진을 찍기 위해서는 수직창이 있는 방과 비교해 감광판을 1/4만 노출해도 됨을 알았다.[327] 빛 아래에서 건축이 탄생한다고[328] 믿는 그가 전통건축의 두꺼운 내력벽 틈새로 가까스로 들어오는 빛의 한계를 타파하고 빛으로 충만한 공간을 지닌 새로운 건축을 찾기 위한 탐구과정 중 얻은 성과였다.

요즘은 밤 문화가 더 위력적이어서 그런지 돼지 입술에 바른 립스틱 같은 각 색의 조명이 밤의 심연을 잃어버린 도시를 환각에 빠진 백치들의 소굴처럼 보이게 한다. 모든 이의 공유자산이자 어두움의 용량인 밤하늘은 간데없고 아파트 옥상마저 각 색의 천박한 왕관을 두르기도 한다. 진정한 야간 경관은 사라지고 빛 이기주의가 몰고 온 또 하나의 공해가 밤마저 장악했다. 너무 많은 불필요한 조명의 포화로 인해 어두운 윤곽, 한밤의 입체감은 밤의 미광微光과 함께 사라졌다. 한밤의 대기가 품은 신비로움을 다시 찾아야 한다.

자연광이 건축의 기본임을 깊이 인식하고 설계 작업 시 최선을 다해 적용하고 있는지를 자문해 보는 것은 무의미하지 않다. 아무리 주어진 여건이 어려워도 단순한 건물 덩어리를 품위 있는 건축으로 격상시키는 자연광을 활용하는 방안은 당연히, 분명히 있다. 성공 여부는 의지와 능력에 달렸지만, 혼을 담은 노력을 기울여 보지 않은 것에 대해서는 어떠한 핑계도 용납되지 않는다. 물질의 영향력을 피할 수 없으면서 동시에 감성의 질서 아래에 건축을 놓일 수 있게 하는 가장 저렴하면서도 효과가 큰 수단이 건축의 악기樂器인 자연광이다. 건축물 수준은 적용된 빛으로 가늠될 수 있다고 해도 과언이 아니다.

빛과 백색

이와 같이 르코르뷔지에의 건축에서 자연광이 차지하는 높은 위상은 그가 1920년대에 백색건축에 집착한 이유와도 무관하지 않다. 그는 《오늘날의 장식예술》의 마지막 장인 〈흰색 도료 칠, 리폴린의 법〉에서 백색을 도덕적이고 순수하며 완전함이라고 했다.[329] 모호함의 제거이자 아름다운 사물을 향한 의도적인 집중[330]인 백색이 빛을 끌어들여 집을 있는 그대로 드러나게 해 주고 참과 거짓을 구별하게 한다고 여겼다. 백색은 진실과 동의어로서 색채의 부재_{물질로서의 안료}이자 색채의 종합_{정신으로서의 빛}으로서 아무것도 없음과 모든 것의 있음, 혹은 침묵과 계몽을 동시에 의미했다. 아름다운 백색이 그에게는 '순수'이자 '정의'였다.[331] 색을 광학적 체계로 인식하고 백색을 모든 색의 원형이자 모든 색이 존재하는 빛의 가능성을 의미하는 것으로 보았던 말레비치의 절대주의 정신과도 상통한다. 후일 '국제주의 양식International Style'의 대표 색채로서 각 지역의 고유색을 축출한 무표정의 색으로 지탄받기도 한 백색은 이와 같이 물질로 구성되는 건축물에 정신성을 덧입히려는 시도였다.

  1920년대 르코르뷔지에의 작품에 나타나는 자연광과 백색의 교감은 그의 정신을 계승하여 빛을 최우선 재료로 인정하고[332] 백색을 주로 사용하는 미국 건축가 리처드 마이어Richard Meier, 1934~의 작품들을 통해서도 엿볼 수 있다. 마이어는 자연광의 효과를 높이는 배경으로서의 백색을 거론하면서 백색이 날씨와 시간 및 계절에 따라 변화를 일으키는 끊임없는 움직임의 순간적 표상으로서 백색이 바로 빛이며 이해와 아울러 변화를 가져오는 능력을 지닌 매개물로 규정했다.[333] 그에게 백색은 생명력이 없는 무미건조한 무색이 아니라 그 안에서 무지개 색을 발견할 수 있는 가장 아름다운 색, 자연과 자연 속에 존재하는 다른 모든 빛깔에 대한 인식을 증강시키는 색이었다. 또한 백색의 면을 배

리처드 마이어, 장식예술박물관Museum für Kunsthandwerk의 빛이 가득한 경사로 홀, 프랑크푸르트, 1979~85

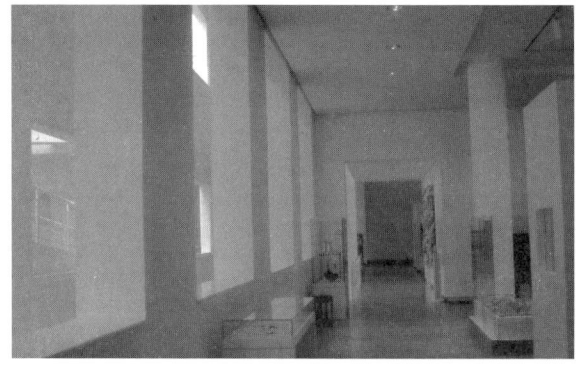

장식예술박물관 2층 전시실. 좌측 경사로 홀까지 여러 켜의 흰 벽이 있어 빛의 양 차이에 따른 뉘앙스의 차이가 공간적 깊이를 유발한다.

경으로 빛과 그림자, 채움과 비움의 유희를 가장 올바르게 인식할 수 있기 때문에 순수성과 명확성, 완벽성의 상징으로도 여겼다.[334] 이렇게 마이어는 자신의 건축적 개념을 명확히 하고 시각적 형상의 힘을 고양시키는 방편으로 백색을 애용했다. 백색이 추상적 공간이거나 스케일이 없는 공간이 아니라 자연과 맥락, 인간 스케일과 건축 문화와 연관되어 정의되고 정리된 공간과 자연광을 축조하고자 하는 기본적 관심에 도움을 준다는 것이다. 그에게 볼륨과 표면뿐만 아니라 스케일의 변화와 시야, 움직임과 균형감과 아울러 빛 또한 건축의 주요 원재료에 해당하기 때문이다.

  르코르뷔지에가 백색건축에서 벗어난 1930년대 이후에도 빛은 여전히 건축을 감동적으로 만드는 가장 주요한 재료였음은 이후에도 재론될 것이다. 자연광을 중시하며 "건축은 빛 아래에 볼륨들을 숙련되고 정확하고 장엄하게 모으는 작업이다"와 같은 정의를 빛과 볼륨의 관계에서 되새겨 보면, 르코르뷔지에가 위대하고 아름다운 기본 형태들로 입방체, 원추형, 구형, 피라미드형 등을 애호한 이유를 이해할 수 있다. 이런 기하학적 볼륨들이야말로 빛에 의해 그 모양을 잘 드러내어 모호함이 없는 간결하고 명확하면서도 마음을 움직이는 건축을 가능케 하기 때문이다.

감동으로서의
건축

'관계'를 통한 시적 감동이 있는 건축

실용성을 초월한 건축의 경지

건축의 정의로 1920년대 르코르뷔지에 저서들에 등장하는 가장 궁극적인 언명은 감동을 주는 건축을 말할 때다. 필요에 따라 물질이 동원되어 성취된 건축물이 정신적 미학을 내포한 채 감동까지 불러일으키는 높은 수준을 기대하는 것이다. 르코르뷔지에의 건축 정의 가운데 널리 알려져 있는 "건축은 건설의 문제 저 너머에 있는 예술이며 감동의 사건이다. 건설의 목적이 건물을 지탱하는 일이라면, 건축의 목적은 사람을 감동시키는 데에 있다"[335]는 정의는 지금까지 살펴본 바와 같이 시대에 뒤떨어진 당시의 건축가가 의식을 갖고 행동하고 앞으로 나아갈 길을 보여 주며 진리를 소유하고 있는 엔지니어[336]의 선구적 정신을 본받아야 함을 권유하면서도 건축가가 행하는 작업이 구조나 재료적 관심의 차원을 넘어서야 함을 역설한다.

물론 이것이 건물을 지탱하는 엔지니어의 임무가 건축가의 과업보다 열등하다는 의미는 아니다. 르코르뷔지에는 아이디어를 명확하게 하고 그것에 집중하는 행위로서 모든 것의 결정이며 엄격한 추상화 작업이고 대수학처럼 정확한 평면 계획이 처음부터 구조 방식을 함축하고 있으므로 건축가는 무엇보다 먼저 엔지니어라는 의식을 갖고 있었다.[337] 스스로를 '건설자-개혁자 constructeur-innovateur'로 자부했던 그는 건설자를 건설 예술의 왼손인 엔지니어와 오른손인 건축가 사이의 꾸준하고 친밀한 대화를 연결해 나아가는 전혀 새로운 직업으로 보았다.[338] 그런 그가 심금을 울리는 파르테논 신전 앞에서 걸음을 멈출 수밖에 없었던 감격을 현대건축에서도 구현할 수 있기를 바랐다. 기술과 재료, 사회라는 객관적 자료의 총합인 건축이 지닌, 시적 감흥의 기반인 객관성을 서정성으로 승화시키기를 원했다. 궁극적으로 이러한 감흥은 결코 말로 표현되지 않는 수준으로서 초월적일 수도 있다.

사람들은 "건축, 그것은 도움을 주는 것"이라고 선언했지만, 르코르뷔지에는 "너희가 시인이냐는 빈정거림과 멸시를 받으면서까지 건축, 그것은 감동을 주는 것이다" 라고 대답한 것에서도 실용성을 넘어선 건축의 높은 경지를 추구했음을 알 수 있다. 건축이 건물 전체에 내재된 감각 안에서 존재함을 말한 것이다. 그에게 실용성은 건축이 당연히 담당해야 할 임무다. 그래서 그는 "'아무나'라고 할 수 있을 정도로 평범한 사람을 위한 주택을 연구하는 것과 인간적 기반을, 인간적 척도를, 필요형을, 기능형을, 감동형을 되찾는 것이 서로 다른 일인가?"라고 묻는다.[339] 특별한 상징성이 요구되는 큰 건물이 아닌 소규모의 개인 주택을 계획할 때도 건축에서 마땅히 고려해야 할 사항들을 숙고하면서 감동의 차원을 동시에 고심해야 한다는 것이다. 되찾는 것이라 했으니 언젠가부터 건축에서 잊었던 것을 다시 찾아야 한다고 본 것이다.

예술과 시와 건축

르코르뷔지에는 파르테논 신전을 염두에 두고 예술을 거론하면서 예술을 시詩, 즉 감각의 감동이자 측정하고 감상하는 정신의 기쁨으로, 인간이 도달할 수 있는 창조의 최고점을 우리에게 보여 주는 정신의 순수한 창조물로 설명했다.[340] 오늘날은 예술이 순수예술fine arts의 약칭으로 흔히 쓰이지만, 본래 고대 그리스 사람들이 썼던 예술art은 더 넓은 의미로서 고대의 테크네tἐxνη에서 유래된 '테크닉'이라는 개념에 가까웠음은 널리 알려진 사실이다. 조각가, 목수, 화가, 직조공 등이 행하는 작업이 기술에 근거한다고 본 것이다. 예술을 실천하기 위한 이 기술은 정교한 손재주뿐만 아니라 지적 능력, 즉 해당 기술에 대한 지식을 포함했다. 시공을 초월한 가치를 기술을 통해 작품에 부여하는 것이 예술일 것이다. 정해진 법칙과 원리에 따라 이뤄지는 모든 제작에 쓰인 용어인 아트테크네는 그러므로 당시에 신으로부터 영감을 받은 결과로 여겨졌던 시와는 구별됐다. 경험과 경험적 추론에 근거한 '기술적인' 지식인 예술과 달리 직관적이고 비이성적인 시는 예술과 반대의 위치에 있었다. 르코르뷔지에가 예술을 인간과 분리될 수 없고 순수한 행복을 주는 힘을 가진 확고한 심적 고양의 원천[341]이자 영혼의 감동을 표현하는 계수일 뿐 아니라 각 시대의 힘의 지수를 반영하는 웅변적인 거울[342]로 칭송한 것은 예술이 마침내 특수한 감정, 즉 미학적 감정을 낳게 하는 미와 융합된 르네상스 이후의 높아진 예술의 위상과 연계된다.

르코르뷔지에는 고대로부터 인정받아 온 경험과 지식으로서의 건축적 예술성을 예술보다 훨씬 높은 단계에 있는 것으로 여겨졌던, 영감의 결실이고 중요한 시적 내용을 지닌 것으로 정의되는 시의 경지로까지 끌어올리고 싶어 했다. 르네상스 시대에 시각예술은 기능술에서 분리되어 나와 승격되었고 시는 신성의 정점에서 내려와 동일한 수준에서 만났다. '순수' 예술과 '지적' 예술의 분리는 18세기가 되어서야 이뤄졌는데, 르코르뷔지에는 20세기 초에 지각에 토대를 두는 '지적' 시각예술이면서도 상상력에 기반을 둔 언어예술인 시가 지닌 시정, 시취가 건축에서 풍겨나길 원했다. 따라서 시적 감동이 있을 때 비로소 건축이 된다는[343] 그의 말은 짧지만 건축의 품격을 매우 높게 표현한 것이다.

시집은 단번에 독파하기보다는 하루 몇 편씩 음미하는 것이 좋듯이, 글이 아니라 노래인 시를 운율에 맞춰 소리 내어 천천히 읽어 보듯이, 괴테 J. W. Goethe, 1749~1832가 '얼어붙은 음악'이라고 정의한, 음악과 같이 시간을 가공하는 시간의 악보인 건축에도 차분히 접근해야 한다. 명성 높은 건축가면서도 교육을 최우선으로 생각하여 몸이 두 개라도 모자랐을 한창 때의 시리아니가 가끔씩 "나는 바쁜 사람이 아니다 Je ne suis pas un homme pressé"라고 되뇐 것은 60세가 넘어서도 치수까지 직접 적어 가며 상세한 도면을 몸소 그려야 직성이 풀리는 자신이 시간에 쫓기지 않고 신중하게 작업을 할 뿐 아니라 건축 작품 또한 여유를 가지고 음미할 수 있는 이들에게 의미가 있음을 말한다. 손목시계에서 쉼 없이 돌아가는 바쁜 인간적 시간에 매몰되지 않고 참을성 있는 그림자가 벽 위를 천천히 움직이는 차분한 자연적 시간을, 시간의 흐름을 연장하는 지체를 느끼게 하고 시간의 지각을 미루는 건축에 보조를 맞출 수 있는 여유가 필요하다는 것이다. 1, 2년에 하나씩 성취되는 작품당 3,000~5,000시간 자신을 투자하지 않으면 자기 작품이 아니라고 생각하는 시리아니의 장인 정신은 오늘날 우리가 그대로 따르기는 어려운 전설이 된 듯하다. 두뇌 스포츠인 바둑에서 20년간 세계를 제패했던 이창호의 느림으로 빠름을, 평범함으로 비범함을 제압해 상대방을 무력화시키는 기풍棋風은 건축 작업에 요긴한 자세이기도 하다.

시는 감흥을 유발시키는 내용뿐 아니라 근대건축을 연상시키는 간결한 형식으로도 주목된다. 늦은 가을 몇 잎 남은 잎사귀처럼 떨칠 것 다 떨치고 그 나머지마저 머금었던 물기가 마르며 막 떨어질 것 같은 언어 몇 마디는 한여름의 풍성한 푸름 못지않은 의미와 무게로 다가온다. 그 안에 담긴 삶에의 통찰은 무릎을 치게 한다. 직설적 어법은 일찌감치 삼가고 때론 조밀하게 때론 느슨하게 쳐진 이중, 삼중의 의미망에 함축된 깊이는 때마다 다른 울림으로 공명된다. 절제된, 가장 적절한 언어와 사유가 시에서 만나듯 정신의 순수한 창조물로서의 건축은 통제된 공간 어휘가 정화된 지적 리트머스를 통과하며 빚어진다. 건축가 김억중은 표현 매체만 다를 뿐 형태와 공간 속 묵언수행이자 빛과 그림자, 그 유희 속에 숨어 있는 질서를 만드는 일이며 시든 집이든 읽는 기쁨을 듬뿍 준다는 점에서 시인과 건축가의 작업이 다를 바 없다고 여긴다.[344] 이렇게 시와 건축은 엄연히 다른데, 닮았다.

르코르뷔지에가 시를 거론할 때 언어예술로서의 시만으로 한정한 것은 물론 아니다. 그가 비행기 조종간을 클로즈업한 사진을 제시하며 "시는 언어나 쓰인 단어에만 존재하는 것이 아니다. 사실의 시는 더욱 강렬하다. 뭔가를 상징하고 재능에 의해 준비된 대상은 시적인 사실을 창조한다"[345]고 말한 것은 그가 자연계의 객관적 현상에서, 상징성이 있으면서 주도면밀하게 의도된 대상에서 강렬히 느낀 시정을 토로한 것이다. 기술을 시적 감흥의 기반이라고 한 것도[346] 유사한 의미로서 《오늘날의 장식예술》에서도 기계시대 생산품을 고귀한 시정을 지닌 현실주의적 사물로 여긴 것처럼,[347] 기술로부터 느끼는 그의 유별난 시정 감지는 확고한 신념에서 나온 것이었다.

'관계'를 통한 감동

르코르뷔지에가 조형적 감동의 대상인 건축[348]을 인간과 분리될 수 없고 순수한 행복을 주는 힘을 가진 정말 확고한 심적 고양의 원천[349]이자 영혼의 감동을 표현하는 계수일 뿐 아니라 각 시대의 힘의 지수를 반영하는 웅변적인 거울[350]인 예술의 영역으로 고양시키는 방안으로 가장 중시한 것은 '관계'였다. 그는 "건축은 원재료를 사용하여 감동적인 관계를 수립하는 것이다",[351] "움직이지 않는 재료들을 사용하고 다소 실용적인 조건들에서 출발하여 당신은 나를 감동시키는 어떤 관계를 만들어 냈다. 이것이 건축이다"[352]라고 말한다.

이 관계는 구, 입방체, 원통형, 수평선, 수직선, 사선 등과 같이 기본적이면서 우리의 감각을 두드리기 쉽고 우리의 시각적 욕구를 충족시켜 주는 요소들을 세련됨이나 거칢으로, 분방함이나 평온함으로, 감흥으로 또는 쿨하게 우리를 분명하게 감동시킬 수 있도록 '배치'하여 기억과 분석, 추리와 창조의 재능을 충분히 활용할 수 있는 관계를 생성시킴으로써 생겨난다.[353] 이러한 배치를 통해 정신의 순수한 창조물인 질서를 실현함으로써 조형적 감동을 불러일으키고, 이때 창조된 관계들은 우리의 내부에 깊이 공명하여 우리 세계의 척도와 일치되게 느껴지는 '질서'의 척도를 우리에게 제공하며, 우리의 마음과 이해의 각종 움직임을 결정하게 되고, 그때 아름다움을 느낀다.[354]

"건축적 감동은 우리가 따르고 인정하고 존경하는 법칙을 지닌 우주와의 조화를 이룬 작품이 우리 안에서 공명될 때 존재한다. 조화가 이루어질 때 작품은 우리를 매료시킨다. 건축은 '조화'의 문제이며 그것은 정신의 순수한 창조물이다"[355]라는 언급과 같이 적절한 배치에 따른 질서는 우리를 매료시키는, 정신의 창조물인 '조화'를 가져오고, 르코르뷔지에가 건축의 열쇠로 여기는, 매혹적인 느낌을 고양시키는 도구인 조화로운 비례[356]를 통해 마침내 건축이 성취된다는 것이다.

르코르뷔지에가 이르고자 했던 '형언할 수 없는 공간 l'espace indicible'의 경지는 이 모든 것이 어우러지고 최선의 양질 시공까지 이뤄져 완벽함에 이르렀을 때 발현된다. 이 형언할 수 없는 공간은 더 이상 치수 dimension에도 의존하지 않는다. 말 그대로 형언할 수 없는 영역에 들어가는 것이다.

"나는 신앙의 기적을 믿지 않지만 때로 예술적 감동의 최고 수준인 형언할 수 없는 공간의 기적을 경험한다"[357]고 말하는, 르코르뷔지에가 맛본 남모를 희열은 평생 고독했다는 그에게 희망이자 힘이 되었을 것이다. 그의 고독은 개인이 지닌 의연한 정신과 날마다 허물없이 대화하는 풍요로운 시간으로서 결코 이기적이거나 무력하게 되는 것이 아니라 도리어 자신을 확장시켜 나아가는 기회였다.

어떤 건축물을 봤을 때 한순간 확 타올랐다가 곧 씁쓸하게 사그라지는 '감탄'과 비록 즉발성은 약하더라도 마음속에 진한 여운으로 오래 새겨지는 '감동'은 구별되어야 한다. 쉽게 눈길을 사로잡으나 마음의 동조가 깊지 않은 감탄은 과감하거나 기발한 구조에 기댄 형태 유희나 특별한 재료의 구사, 과도하기까지 한 건축적 조작 등 여러 유발 요인이 있다. 반면에 건축에서 받는 진정한 감동은 은근하면서도 호소력은 오히려 더 크다.

"자세히 보아야만 / 예쁘다 / 오래 보아야 / 사랑스럽다 / 너도 그렇다!"

풀꽃을 노래한 나태주 시인의 이 짧은 시처럼, 건물이 빽빽하게 들어선 도시에서 건축도 외관은 덤덤하지만 풀꽃 같은 내밀한 아름다움과 생명력으로 충일할 수 있다. 우리가 고찰하고 있는 르코르뷔지에의 건축 정의들에서 발췌된 키워드들은 관찰자의 눈길을 구걸하는 경박함과는 거리가 먼, 철저한 의도의 검증을 통해 여과된 정신성의 발로다. 한 작품의 사회적·정치적 작용은 그 의도가 노골적으로 드러나지 않으면 않을수록, 동의를 덜 구할수록 그만큼 더 강하다는 예술사가 하우저Arnold Hauser, 1872~1978의 지적[358]은 일리 있다.

르코르뷔지에가 감동을 발현시키는 근원을 자신의 개인적 선호도에 따른 특정 인자로 보지 않고 '관계'에서 찾은 것은 지혜롭다. 어떤 관계에서 받아들이는 인식은 개인마다 달라 결국 주관이 강하게 작동하겠지만, 여기서 안목이 중요하다. 르코르뷔지에가 눈이 있으나 보지 못했던 건축가들을 향해 안목을 키울 것을 권하며 〈보지 못하는 눈〉[359]을 길게 쓴 것은 바른 관계를 통찰하고 실현시킬 수 있는 능력이 건축가에게 필요하기 때문이다.

여기서 그 자체가 감동의 원천은 아니지만 마음에 감흥을 불러일으키는 미에 대한 르코르뷔지에의 생각을 잠깐 살펴보자. 그의 미의식 또한 관계성에 근거한다.

미와 '관계'

칸트는 아름다움을 개념의 매개 없이 보편적 즐거움을 일으키는 것으로 정의함으로써 미학적 판단이 특수하며 주관적임을 강조했다. 또한 그는 판단의 논리적 형식의 네 부류, 곧 질, 양, 관계, 양태 중 관계에서 미를 다뤘다. 헤겔은 진리의 감각적인 발현인 아름다움이 정신의 활동에서 비롯된다고 보았다. 르코르뷔지에 역시 건축에서 관계가 정신 활동에 의한 건축 요소들의 배치를 통해 구축됨을 적시했다. 비례, 질서, 조화 모두 관계에 근거한 개념임을 우리는 앞에서 확인해 왔다.

르코르뷔지에는 "아름다움이란 무엇인가?"라고 자문한 후 "그것은 정신의 합리적 만족 유용성, 경제성과 입방체, 구형, 원통형, 원뿔형 등 감각적인 것에 기본적 바탕을 둔 형태적 존재를 통해서만 작용할 수 있는, 계량할 수 없는 어떤 것이다. 또한 …… 계량할 수 없는 것이면서 계량할 수 없는 것을 창조하는 관계다. 이것은 천재적 재능, 발명의 재능, 조형적 재능, 수학적 재능에서 비롯하며, 질서와 통일성을 측정하게 하고 명백한 법칙에 따라 우리의 시각적 감각을 극도로 흥분시키고 만족시키는 능력이다"[360]라고 자답했다. 미에 대한 이 정의에는 지금까지 살펴본, 건축에 대한 정의의 상당 부분이 포괄되어 있다. 우리가 미를 느끼는 것도 건축가가 형태의 배치를 통해 정신의 순수한 창조물인 질서를 실현하고 형태를 통해 조형적 감동을 불러일으켜 그가 창조하는 관계들이 우리 내부에서 공명되면서 비롯된다. 이때 우리 세계의 척도와 일치되게 느껴지는 질서의 척도를 우리에게 제공하며 우리의 마음과 이해의 각종 움직임을 결정할 때 미를 느낀다는 것이다.[361] 그의 정의를 따르면, 이때 척도는 우리를 황홀하게 하는 것 가운데 하나로서 척도를 사용하는 것은 일정한 자극에 고무되어 율동적으로 배치하는 것, 통일성 있는 미묘한 관계성을 통해 전체에 생명력을 불어 넣는 것, 균형을 잡는 것, 방정식을 푸는 것이다.[362] 공간을 분할하는 방법일 뿐만 아니라 시간에 리듬을 붙이는 방안이기도 한 것이다.

  질서가 지배하는 곳에서 행복이 생겨나고[363] 행복의 진정한 근원을 아름다움[364]이라고 말하는 그의 미의식은 당시 건축 주류의 장식을 통한 미화와는 근본적으로 달랐다. 양식들이 개입된 장식 구사가 건축가의 가장 큰 공헌으로 여겨졌던 당시에 르코르뷔지에의 눈에는 장식이야말로 양식의 퇴화이고 낡은 시대의 보잘것없는 유물이며 과거에 대한 굴종, 염려스러운 겸손이자 거짓일 뿐이었다.[365] 그는 도리어 모호함이 없어 간결성과 명확함을 특징으로 하는 기본적 형태들에서 아름다움을 느꼈다.[366] 또한 단순한 실용성을 넘어 완벽과 조화뿐 아니라 아름다움까지 드러내기 위한 연구가 투여된 자동차를,[367] 조용하면서도 생명력이 넘치고 강한, 대담성과 단련, 조화와 아름다움의 중요한 발현인 대형 여객선을 아름답게 본 것은[368] 앞에서 이미 보았다. 현대산업의 창조물이 비례를 점점 더 중시하고 볼륨과 재료의 유희로부터 생겨났으며 숫자에 근거하기 때문에, 다시 말해 질서를 바탕으로 한 것이므로 그 가운데 많은 것은 진짜 예술품이라고 격찬했다.[369] 그러면서 산업가를 한 시대의 도구들을 주조하는, 또한 경제 법칙이 가장 중시되고 수학적 정확성이 모험적인 기상 및 상상력과 결합되어 매우 아름다운 축적물을 창조하는 숭고한 목표를 지향하는, 더 정확히 말해 아름다움을 추구하는 이들로 인정했음도 그러하다.[370] 그는 원동기 같은 기계에서 큰 자부심과 함께 객관적 미와 조화를, 심지어 주관적 미까지 보았다.[371] 까다롭기는 하지만 정말 논리적이고 완벽하므로 수학을 아름답게 여긴 것도 마찬가지다.[372]

르코르뷔지에의 미는 치장된 각 부분이나 미화된 부분들의 총합에서가 아닌 엄격하고 순수한 유기체를 이루는, '이성-감성' 방정식의 산물로서 부분과 부분, 부분과 전체의 무르익은 관계에서 찾아진다. 아름다움이 전적으로 주관적이거나 전적으로 객관적일 수는 없다. 다수에 의해 수많은 맥락과 긴 역사적 시간 속에서 축적되는 이해인 예술적 판단은 단순한 개인적 취향과는 다르다. 우리가 묵묵히 닦아 나아가야 할 소양은 이와 같이 주관과 객관, 자신을 반성하고 추동하는 이성과 주체가 감각 작용을 통해 외부 세계를 받아들이는 능력인 감성의 균형이다.

감동의 체험

비례를 통한 수학적 감수성과 조화로운 관계

르코르뷔지에는 우리가 거리, 치수, 높이, 볼륨들을 지각하는 과정에서 생겨나는 건축적 감동을 느끼는 데 필요한 조화로운 관계는, 감각을 고양시키기 시작하는 민감한 수학인 '비례'[373]를 통한 수학적 감수성에 의해 감지된다고 보았다. 건축에서 상호 작용하는 관계들의 연속물인 비례[374]에는 일반적으로 형태적 비례와 공간적 비례를 상정할 수 있다.

"공간과 볼륨의 관계가 올바른 비례로 되어 있다면 눈은 조정된 감정을 두뇌에 전달하고 마음은 고도의 질서로부터 만족을 얻어 낸다. 이것이 건축이다"[375]는 언급과 같이 르코르뷔지에는 공간과 볼륨의 관계에서 조화로운 비례를 기대했다. 그가 앞에서도 거론한 "주택은 살기 위한 기계다"라는 정의를 내릴 때도 주택의 실제 쓰임을 충족시킬 각종 설비와 함께 비례를 활용한 아름다움도 겸비해야 할 것을 잊지 않았다.[376] 이때 느끼는 건축에서의 공감의 몫은 방과 가구의 분류와 비례를 통해 성취된다.[377]

우리가 조화로운 비례를 지닌 잘생긴 얼굴을 봤을 때, 깊은 내면에서 감각을 넘어서 진동하기 시작하는 일종의 공명을 느껴 잘생겼다고 생각함을 앞에서 본 것처럼, 여러 부분이 서로 조화를 이룸으로써 건축적 감흥이 일어난다. 건축 구성은 바로 비례의 감상으로서, 이렇게 느낌을 유발하는 비례[378]는 중요한 감동유발 요인이다. 코스메댕Cosmedin의 성모 마리아 성당에서 수학의 고상한 행렬과 비례의 확고한 힘, 관계들 간의 탁월한 설득력을 발견한[379] 르코르뷔지에는 비례를 신성하게까지 여겼으며,[380] 아무것도 아닌 것처럼 보이면서도 모든 것이라고 받아들였다.[381]

이러한 탁월한 비례 인식을 통한 행복은, 우리가 민감한 감식 안테나를 접어 두지만 않는다면, 누구에게나 찾아온다. 한 예로, 최근에 소실되어 복원 중인 숭례문은 늘 그 자리에 있었지만 내재된 완벽한 비례와 상호관계성을 포착한 이들에게는 단순히 역사적인 대문을 넘어선 경이로운 대상이었다. 숭례문의 소실은 원본성에 심각한 훼손을 가져왔지만 그 안의 미적 비밀을 가슴에

서울의 숭례문, 1395~95. 1447년과 1479년에도 개축과 보수공사가 행해졌다.

새겼던 이들에게는 마치 둘만의 비밀을 간직한 연인을 잃은 듯한 남모를 아픔을 가져다주었다. 그래도 국내외 이곳저곳에 아직 짝사랑하는 대상이 남아 있음이 위안이 된다.

비례 및 관계성과 관련된 또 다른 사례로 밀로의 비너스를 보자. 모든 방향에서 감상될 수 있도록 전시실 중앙에 놓인 이 비너스 상은 간혹 질투와 심술로 트집을 잡으려는 도끼눈의 관람객조차도 고개를 끄덕이게 한다. 오른쪽 다리에 몸무게를 싣고 왼쪽 무릎을 조금 구부려 좌우의 대칭을 살짝 무너뜨린 이 아프로디테 상은 어느 각도와 거리에서 봐도 흠 잡을 것 없이 아름다워 심미가들의 발걸음을 붙들어 맨다. 떨어져 나간 두 팔이 어떤 모습이었을까 궁금하지도 않다. 현재로도 만족스러우며, 두 팔이 있었더라도 역시 완벽했으리라 믿는다. 비례가 아무것도 아닌 것처럼 보이는데 모든 것이며, 비례를 통해 건축적 감동을 감지케 하는 수학적 감수성이 기계들처럼 사람을 감동시키기 위한 사욕 없는 '순수한' 일련의 관계들 안에서 순수한 형태의 구성을 명령한다는 생각은[382] 이렇게 숭례문과 비너스 조각상에서도 확인할 수 있다.

작가 미상, 밀로의 비너스, BC2~1세기, 루브르박물관

르코르뷔지에는 또한 누구보다 민감하게 산업의 순수성을 포착했으며[383] 순수함, 경제성, 지혜를 향한 집중으로 요약되는 기계의 교훈[384]에서 현대예술의 미덕 중 하나인 단순성을 빈곤이 아니라 선택이자 구별이며, 순수성을 목표로 한 결정체로 적시했다.[385] 이것을 역으로 정리해 보면, 모호함이 없는 간결하고 명확하면서도 마음을 움직이는 건축을 가능케 하는 순수한 기하학적 볼륨들이 조화로운 배치를 통해 적정한 관계성을 이룩할 때 건축적 감동을 느끼게 된다고 할 수 있다.

"건축은 감동적인 관계를 통해 정신적 숭고함의 상태, 수학적 질서, 사색 및 조화를 인식하게 하는 훌륭한 예술이다. 이것이 건축의 목적이다"[386]는 토로와 같이 이러한 좋은 건축은 감동을 주는 예술의 경지에 이른다고 보았다. 이때 매혹적인 느낌을 고양시키는 것이 바로 조화로운 비례감인데, 르코르뷔지에에게 비례는 아름다움의 원초적 근본이자 건축의 열쇠였다.[387]

의도의 지각

르코르뷔지에에게 건축적 감동의 또 다른 요인은 '의도의 지각'이다. 그는 기차를 타고 프랑스와 벨기에 접경의 광산 지역을 지나면서 운반차들이 산처럼 쌓아올린 더미 꼭대기에 계속 슬래그를 부어 형성된 피라미드를 보았다. 그는 평원으로부터 치솟은 이 피라미드를 처음 봤을 때 깊은 감명을 받았지만, 그것이 예술작품이 아니라 산업 활동의 부산물에 불과하다는 생각에 감동은 곧 무뎌졌다. 오브제의 외형과 그것을 만들어 내는 정신적 특성 사이에 존재하는 틈을 깨달은 그는 '만약 인간이 어떤 의도를 가지고 우리의 마음을 고양시키기 위해 이것을 신중하게 행한 결과라면 어땠을까?' 자문했고, 의도야말로 우리를 가장 깊이 감동시키는 것으로 정신적 특성이 작품의 창조를 가져온다고 생각했다.

"우리의 정신은 다른 사람의 정신에 호소한다. 이것이 감동의 척도다. 작은 규모는 종종 우울하게 할 수 있고, 슬래그 피라미드는 우리를 슬프게 할 수도 있다. 그러나 위대함은 크기에 있는 것이 아니라 의도 속에 있다"[388]는 말처럼 감동에서 순수하고 올바른 의도의 교감을 중요하게 생각했다.

르코르뷔지에는 이렇게 1937년에 초판이 발행된 저서《대성당이 희었을 때 *Quand les cathédrales étaient blanches*》에서 단일한 기하학적 이미지인 피라미드 형상에서 고상한 의도가 결여된 채 단지 물리적 법칙인 사실만을 보며 이 법칙의 엄격함에 대한 감정만 자신에게 남아 있는 것을 깨닫고 의도의 개입 여부에 따라 진정한 감동의 발생이 가능하다고 생각했음을 밝혔다. 그러나 1920년대 그의 책들은 여러 곳에서 이미 이 의도에 대해 언급하고 있다. 이 의도는 전술되었던 질서의 정신과 관계에 대한 감각 사이에서 통일성 있는 의도로 나타나는데,[389] 건축가가 '배치'와 '평면'을 통해서 드러내는 것이다.

르코르뷔지에는 중요도에 따라 축들의 등급을 매기는 것이므로 배치를 목적의 위계며 의도의 분류라고 정의했다. 또한 건축가가 자신이 그린 축에 목적지를 배당한다고 했는데, 이 목적지는 벽_{가득 찬 부분, 지각적 감각} 또는 빛과 공간_{지각적 감각}이었다.[390] 바로 건축가가 쓸 수 있는 감동 유발 요소들이다. 이렇게 한 계획안의 목적의 위계며 의도의 분류인 배치는 평면에 의해 구체화된다. 평면이 야말로 의도를 명확하게 표현해야 하는데, 이 의도에 전념하기 위해서는 아이디어가 있어야 한다. 평면은 재료 분석표처럼 매우 간결한 표현 형식으로 마치 수정체나 기하학의 도식처럼 분명하게 나타나는, 엄청나게 많은 아이디어를 담고 있는 의도의 추진력이다.[391]

"평면은 생성원生成元, générateur이다, 평면이 없으면 무질서와 자의성만이 있을 뿐이다, 평면은 어떤 느낌을 자극하는 본질적인 힘을 지니고 있다"[392]와 같은 평면의 중요성을 강조하는 문장들은, 관습적인 좌우대칭으로 기념비성을 추구한 지난 시대의 건축 행태를 버리고, 가장 기본인 평면에서부터 건축가의 의도를 제대로 담자는 주장을 하고 있다.

르코르뷔지에는 《건축을 향하여》의 〈내부에서 외부로 전개되는 평면〉 장에서 소아시아의 푸른회교사원 외부에서 안으로 들어가 거닐며 경험하게 되는, 공간과 시간의 연속적 발견에 의한 감각상의 리듬빛과 볼륨과 아울러 스케일과 척도의 능란한 사용에 매혹되어 우리에게 전달하고자 하는 세계에 빠져들게 되는 건축적 감동을 기술했다. 이때 경험하는 대단한 감동과 믿음이 바로 추진력 있는 의도로서 아이디어의 집합체가 만개한 사례다.[393] 여기서 그는 콘스탄티노플의 성 소피아 사원이나 이스탄불의 술레이만 회교사원에서와 마찬가지로 푸른회교사원의 '외부는 내부의 결과'라고 했다. 이것은 건축의 형태는 기능을 담은 내부 공간 관계의 표출이라는 말이면서, 또한 앞서 언급된 슬래그 피라미드의 예와 같이 외형이 주는 감동도 내부의 공간감에서 출발되어야 한다는 말로도 확대 해석할 수 있다.

르코르뷔지에는 의도의 원대함과 고상함을 여러 차례 거론했다. 그는 《주택-궁전_Maison-Palais_》의 개념으로 건물[394] 각 기관의 적절한 배치를 통해 의도의 원대함과 고상함을 드러내 보이면서 감동적인 관계를 가질 수 있음을 분명히 표명할 수 있기를 원했는데, 그에게는 바로 이 의도가 건축이었다.[395] 전술된 푸른회교사원에서 빛과 볼륨, 스케일과 척도의 능란한 사용은 건축가의 의도가 적용된 결과였다. 이외에도 폼페이에 있는 카사 델노체에서 빛과 건축적 감각, 즉 체감하는 감각의 근원인 볼륨, 벽과 수평 바닥, 원기둥을, 카사 델노체와 함께 폼페이에 위치한 비극 시인의 집에서 명확히 진술된 축과 주요 볼륨의 연결법을, 아테네에 위치한 아크로폴리스 언덕의 건축적 배치와 형태 배합에서 수평선이라는 주변 조건과의 조화 등을 거론했다.[396]

또한 르코르뷔지에는 도처에 존재하는 민속 문화들이 언제나 깨끗하고 간결하고 짧고 경제적이고 강렬하고 필연적임을 즉각 이해하고 느꼈으며, 거기서 정확하게 의도된 감동을 경험했다고 말한다.[397] 그는 건축에서도 유사한 단순 간결함, 경제성, 강렬함 같은 속성을 상상했을 것이다. 건물을 건축으로 격상시킬 수 있는 이 의도는 마찬가지로 명확해야 했다.[398] 그가 전통 민속 문화를 높이 인정한 것은, 누군가 재능 있는 사람이 제시한 것이 군중을 감격시켜 받아들여지고 사람들이 그것을 오랜 기간 사용하고 수정하여 인간의 자원이자 감동의 수준으로까지 끌어올려졌다고 여겨졌기 때문이다. 그것은 세련되어졌으며 전달되기 위해서는 의미가 명확해야 했다. 그것은 정화되었고, 의미는 전해내릴 만하다는 만장일치의 동의를 얻었다. 이렇게 시간과 대중에 의해 순수해진 성취물인 민속 문화는 매우 강력하여 우리를 즉시 반응하게 하는데, 거기에 지성과 마음을 위한 가장 넓은 장소가 있기 때문이라는 것이다.[399]

칸트는 지각을 판단과 구별했고 이 둘을 감성sense과 오성understanding으로 나눠 표현했다. 대상들을 사유하며 그것으로부터 개념이 성립되는 오성과 달리 우리들에게 지각을 마련해 주는 것은 지각의 순수한 형식들인 감성으로 본 것이다.[400] 감성이 따르지 않으면 감동이 있을 수 없다는 점에서 감성에 의한 지각은 의미 있다. 이성reason은 좁은 의미에서는 이념ideas을 사용하는 능력을 의미하지만 더 넓게는 오성을 포함하며, 가장 넓은 의미에서는 감성까지도 포함한다. 건축가가 겸비해야 할 이성과 감성은 이같이 서로 대척점에 있지 않다. 이성과 감성은 어느 한 쪽도 약해서는 안 되며 언제나 보조를 맞추며 함께 나아가야 하는 쌍두마차와 같다.

순환동선과 감동 체험

르코르뷔지에는 고상함, 순수함, 지적인 사색, 조형적 아름다움, 비례의 불멸성 등을 모두가 인식할 수 있는 건축의 가장 크고 뜻 깊은 즐거움으로 여겼다.[401] 공간, 치수와 형태, 내부 공간과 내부 형태, 내부 경로와 외부 형태, 외부 공간양, 무게, 거리, 환경 등이 어우러진 결과인 건축[402]의 체험은 '순환동선'에 의해 가능해진다. 순환동선은 현대기술이 가져온 건축적 자유를 잘 모르는 방문자를 당황하게 하는 다양한 감동을 제공한다. 기능과 대상의 질서체계를 빈틈없는 해결책으로 수립하여 우리의 정신에 작용하며, 눈으로 보는 형태들과 마땅히 걸어야 하는 거리를 통해 우리의 감각에 작용하는, 민감한 지각의 유희를 통해 감동을 주는 건축[403]의 특성에 의한 것이다.

잘 조직된 평면으로 인해 움직임이 조화롭게 해결되고 고무되도록 배치된 공간 속을 이동하며 빛과 그림자, 구조적 논리, 차원들 간의 울림 속에 존재하는, 공간의 전율인 비례감 등을 체감함으로써 의도의 지각과 소통이 이뤄진다. 촉감과 냄새를 통해 보고 들었던 헬렌 켈러 Helen A. Keller, 1880~1968처럼 감각융합능력을 가진 인간의 걸음은 시간의 지속성 속에 설치된 비례의 관계인 건축이 지닌 부동不動의 공간을 움직이게 한다. 걸음을 내디딜 때마다 공간의 형태를 다시 그린다. 단번에 전체가 파악되지 않는, 건축이 자신의 존재를 울리는 공간에서 인간은 방금 지나간 것에 대한 기억을 간직하면서 다음 일어날 일을 예견한다. 몸은 대상들의 형태와 그 주변의 공간적 상황을 기억한다. 보젠스키는 형태가 우리 사고의 이미지이기 때문에, 그리고 우리의 열망을 표현하고자 애쓰는 충동이기 때문에 아름답다고 했다.[404] 사고가 더 집중되고 깊을수록 건축 형태는 더 아름다워진다는 것인데, 몸이 이동하면서 접하는 이 형태와 공간은 기억 속에 적층된다. 자신의 1920년대 건축정신이 집대성되었고 건축적 산책의 대표작인 사부아 주택의 건축적 특성을 설명하며 르코르뷔지에는 동방여행에서의 기억을 되살려 "아랍 건축은 감히 평가하지 못할 만큼 매우 귀중한 교훈을 준다. 그것은 발로 걸음으로써 감상된다. 건축의 질서가 전개되는 것을 보는 것은 걸음을 통해, 움직임을 통해서다"[405]라고 했다. 그에게 건축은 동선이었던 것이다.

르코르뷔지에의 작품을 연구해 온 프랑스 건축가 보두앵Laurent Beaudouin, 1955~도 건축이 즉각적인 것이 아닌 연속적인 것에 존재함을 지적한다. 건축이 뒤따르는 것을 창조하며 앞선 것을 반사하는 변화 과정이라는 것이다. 인상은 표현보다 더 많은 것을 담아낸다고 한 고다르Jean-Luc Godard, 1930~[406]의 언급은 건축에도 해당한다.

"공간은 건축물 그 자체가 아닌 그것의 경험이다. 마찬가지로 우리에게 감춰진 기억이, 마치 다가올 것의 일부가 방금 끝난 것 안에 이미 존재하는 것처럼, 우리가 보지 못하는 것을 느끼게 한다"[407]는 보두앵의 언급은 우리가 동선을 따라 이동하면서 만나게 되는 의미 있는 공간의 가치를 확신한다.

르코르뷔지에는 나날이 발전하는 자동차나 비행기처럼 집도 기술적으로 발전하여 뛰어난 성능을 발휘하길 기대했지만, 결코 그의 주목적인 공간적 아름다움과 시정을 배제한 적이 없다. 건물 주위와 내부를 이동하면서 눈앞에 처음 보이는 전체와 부분을 비교함으로써 빛을 받아 공간 속에 정지된 전체를 재구성하는 관찰자는 움직이는 다양성을 전체의 통일 속에서 봄으로써 감동한다. 플라톤이 말했듯이 대상의 변화를 자극하는 움직임이 없으면 우리에게 공간은 존재하지 않으며, 공간은 가시적이고 느낄 수 있도록 모든 대상에 하나의 장소를 제공한다.[408] 이는 앞서 동선을 말할 때 거론된 것처럼, 건축에 내재된 감동은 회화나 영화, 문학 같은 다른 유형의 예술과 달리 내·외부를 속속들이 답파하는 사용자에 의해 무언의 정태에서 4차원적으로 읽히는, 체험적이면서도 감성적인 내구체인 건축[409] 속에서 물리적인 실체를 넘어선 공간적 감흥으로 체험된다는 의미다. 그가 기능적인 의미가 아닌 정서적인 이유로 건축을 내부적 순환이라는 측면으로 고찰한 것도 건축을 통해 발현되는 진정한 감동이 건축공간에 내재하는 질서에 의해 구성되는 단위 요소들의 구조적 상호 관계를 통해 구현되는 것임을 체험했기 때문일 것이다.

의도성과 우연성의 공존

여기서 또 하나 지적하고 넘어갈 것은 지금까지 거론해 왔던 정확한 비율과 리듬으로 질서 있고 조직화된 건축이 아름답더라도 또한 차갑고 정적이며 비활성적일 수 있음을 르코르뷔지에가 간과하지 않았다는 점이다. 그는 비록 건설 전에 철저히 숙고하여 해결책을 찾아나갔지만 아름다움을 넘어 시정의 영역까지 넓혀가는 데 있어 예견할 수 없는 건축의 의외성이나 우연성을 기피하지 않았다. 심지어 때로는 시공에서의 실수까지 용납하여 균열 등 하자가 났을 때도 자신의 확인을 거친 후에야 보수할 건지 그대로 둘 건지를 결정하게 했다.[410]

르코르뷔지에는 일단 모든 것을 정리하여 계획을 마친 후에도 과학적 엄밀성과 예술적 직관의 우연성을 공히 인정하는 자세로 아름다움을 넘어 시정의 수준에 다다르기 위해 선정된 질서체계를 흔드는 탐구를 계속 스케치로 그렸다. 직각체계에서의 사선, 엄격하면서도 이 엄격함에 의해 부드러운 시정을 지닌 곡선[411]과 입방체의 대비를 구사했고, 정확한 비례체계 속에 예외를 부가했다. 직각체계의 사부아 주택에서 사선적 요소인 경사로, 오브제로서의 나선형 계단, 필로티 위에 얹힌 백색 상자 위에 곡벽-직벽-곡벽으로 자유롭게 자리 잡은 옥상 일광욕장의 북풍 가림벽이나 라투레트 수도원의 중정에 있는 피라미드 지붕을 인 작은 정사각형 채플, 부속성당의 거친 장방형 볼륨 위에 얹힌 종탑과 옆에 붙은 피아노 곡선의 채플 등 많은 사례에서 볼 수 있다. 이처럼 그는 혼돈이나 갈등이 해결되어 명료함과 밝음을 표현하는 통일성의 원리 principle of unity 를 중시하면서도 독특한 왜곡이나 변화를 부가하면서 독창적 성격을 모색했다.

포르투갈 건축가 알바로 시자 Alvaro Siza, 1933~ 의 작품 중 상당수는 배치나 외관 등에서 평범해 보이기까지 수수하지만 범상치 않은 독특한 시정이 풍긴다. 이러한 시정이 담긴 그의 모더니즘은 건물과 자연, 새것과 옛것, 감각적인 것과 이성적인 것의 절묘한 연계에서 우러나온다. 의도적이거나 우연적으로 평·단면상의 비례와 각을 다소 애매하게 설정하는 그의 감각은 절묘하다. 출중한 다른 건축가들의 작품에서는 흔치 않은 엄정한 비례 관계를 초탈한 약간의 모호함이 유럽의 변방 포르투갈의 지역적 단순성과 어울려 그만의 건축을 탄생시킨 것이다. 거장의 작품에서 완벽성과 그것을 성취하기까지의 곤고함이 동시에 느껴져 맘이 찡하기도 하지만, 때론 그만한 능력이 있는 사람의 작품에서 자신을 편히 내려놓는 모습 또한 감동적이다. 이때 더욱 치열한 정신성이 역설적으로 감지되기도 한다. 엄격함은 관찰자를 각성케 하지만 이런 유의 건축에서 보이는 편안함은 건축을 풍요롭게 한다.

알바로 시자, 세랄베스Serralves 재단,
포르투, 1995~99.

앞서 거론한 안도의 건축이 철저하게 기하학적이면서도 기하학 도형이나 논리적인 공식에만 얽매이지 않음으로써 나름의 감동을 불러일으키는 것도 비슷한 이유에서다. 각 기하학적 단위가 갖는 완전성으로 인한 확정된 공간과 이 기하학적 단위가 서로 관입되거나 외부의 긴 직선 벽이 내부로 파고들거나 관통하여 다시 외부로 빠져나감으로써 생기는 틈새 영역인 미확정성 공간과의 연속된 교류가 특유의 공간성을 풍긴다. 특정한 용도가 주어진 확정된 공간에 반해 확정된 영역 사이에서 필수 틈새 영역인 미확정성 공간은 정해진 용도가 없이 비워진 공간이다. 방문자는 자신의 정서적 경험을 바탕으로 이 비워진 공간의 의미를 스스로 만들어 가게 된다.[412] 어떻게 보면 우연을 가장한 의도지만 목적성 공간과 대비된, 빛과 그림자만 덩그러니 있는 텅 빈 비목적성 공간에 서린 시정은 안도의 기하학적 건축을 완성시킨다.

하지만 우연성이나 의외성은 스스로에게 철저한 자, 기존에 정통한 자만 누릴 수 있는 특권이다. 피라미드형의 슬래그 더미가 의도의 결여로 진정한 감동을 불러일으키지 못하는 것처럼 서투름의 실수거나 무개념의 우연과 의외는 가치가 없다. 우연성에 무작위적인 의도가 필요하다는 역설은 말레비치의 〈흰 사각형White Square〉1918이나 미국 화가이자 조각가인 켈리Ellsworth Kelly, 1923~의 〈청·녹·적Blue Green Red〉1962~63처럼 단순화된 작품이 존재 의미를 인정받을 수 있는 이유를 설명한다. 어린아이도 그릴 수 있을 것 같은 결과물에서 그 그림이 그려지기까지의 지난한 여정을 인정하고 작가가 몰두했던 내면의 가치를 찾는 것이다. 시자나 안도의 작업이 보여 주듯이 우연성의 시정은

카시미르 말레비치, 흰 사각형, 1918

이렇게 동반된 치열한 의도에 의해 담보된다. 칸딘스키가 구상화도 제대로 그리지 못하면서 너나없이 추상화로 뛰어들던 당시의 세태에 가한 비판이 우리에게도 해당되지 않는지 삼가 돌아볼 일이다.

파르테논, 정신의 순수한 창조물

건축에서의 감동을 마무리하며 르코르뷔지에가 평생 잊지 못한 아크로폴리스 언덕에서의 감동이 어디서 왔는지를 사례로 살펴보자. 찰스 다윈Charles Robert Darwin, 1809~82은 영국 정원에서 섭식이나 도주, 싸움에 아무런 도움이 되지 않는 수컷 공작새의 화려한 꼬리를 신물이 날 정도로다윈이 아들에게 한 말이다 쳐다보면서 자신이 발표한 기존 이론의 허점을 발견하고 마침내 성선택론을 전개, '적자생존'을 기본개념으로 한 《종의 기원》1859을 보완하면서 오늘날 진화심리학의 바탕이 되는 저서 《인간의 유래와 성선택》1871을 발표했다. 마찬가지로 르코르뷔지에는 형언할 수 없는 감격에 빠져 그의 표현을 따르면 싫증이 날 때까지 머물면서 파르테논 신전을 비롯한 아크로폴리스 언덕 주변을 관찰하며 그때까지 살았던 제한된 환경과 교육의 한계를 극복할 수 있는 영감을 받았다. 르코르뷔지에와 다윈의 핵심과 본질을 찾고자 하는 갈망이 담긴, 대상에 흠뻑 빠진 깊이 있는 관찰은 한 젊은이의 인생 방향을, 노 과학자의 축적된 빛난 연구 업적의 지향점을 바꿔놓았다. 르코르뷔지에는 스무 살인 1907년과 스물네 살인 1911년에 떠난 동방여행을 하면서 고향의 좁은 울타리를 넘어 눈을 떴고, 다윈은 스물세 살인 1832년부터 1,741일간 비글호를 타고 남

르코르뷔지에의 스케치, 파르테논 신전이 있는 아크로폴리스, 1911

    미를 비롯한 세계일주 항해를 떠나 종의 풍부한 다양성을 접하면서 창조주가 신앙심을 고취할 목적으로 아름다운 동식물을 만들어 세상을 장식했다는 당시의 주장을 부정하게 되었다.

    르코르뷔지에는 다윈의 긴 여행처럼 아드리아노플, 비잔티움, 성 소피아 사원과 살로니카의 터키, 부르사의 페르시아를 거쳐 아테네의 아크로폴리스를 방문하고 감동으로 충만하여, 극도의 정밀함과 엄청난 높이, 초인적인 창안물에 압도된 채 그곳에서 한 달 가까이 머물렀다. 그의 심금이 울렸던 것이다.[413] 전 세계 어디서도 어느 시대에도 견줄 만한 건축물이 존재한 적이 없는 가장 고상한 사고에 자극을 받은 한 인간이 그 사고를 빛과 그림자의 조형물로 결정확한 가장 첨예한 순간으로 그가 여긴 파르테논의 윤곽은 그가 보기에 무오無誤하고 준엄했다. 파르테논의 엄격함은 우리의 습관과 인간의 정상적인 실현성을 능가하는 것으로 여기서 감각의 생리학과 그것에 가해질 수 있는 수학적 고찰에 대한 가장 순수한 증거가 확정되는 것으로 보았다. 그가 수학적 질서가 주는 고차원적인 감동에 대한 확신을 얻은 곳이 여기였다. 그는 위대한 조각가 페이디아스가 만든, 정신의 순수한 창조물의 극치인, 정확한 관계로 정리된 양인 파르테논 윤곽의 기하학에 정열, 관용, 영혼의 위대함이 미덕으로 기입되어 있다고 보았다.[414]

이렇게 르코르뷔지에가 살아 있는 작품으로, 위대한 울림으로 가득 찬 명품으로 여긴 파르테논의 필연적 요소들이 이룬 총합은 그에게 인간이 명확하게 규정된 어떤 문제에 전념했을 때 도달하게 되는 완전의 단계로 여겨졌다. 그는 이 경우 완전함은 보통의 규범과 전혀 다르기 때문에 파르테논에 대한 올바른 인식은 1920년대에는 매우 한정되었던 감각, 즉 기계적인 감각을 통해서만 전달된다고 생각했다.[415] 파르테논은 그에게 감동을 불러일으키는 기계였다. 어떠한 상징도 붙어 있지 않은 형태는 분명한 감각을 불러일으키므로 그것들을 이해하는 데 별도의 열쇠는 필요 없었다. 거칢, 강렬함, 극도의 부드러움, 섬세함과 넘쳐나는 위대한 힘을 거기서 보았다.[416] 대리석으로 만들어진 이 조형적 기계 전체는 기계에나 적용되는 엄격성을 준수하면서 광택을 노골적으로 드러내는 강철의 인상을 자아냈다.[417] 그가 파르테논을 완벽성의 문제에 맞서기 위하여 설정해야 할 표준을 적용한 신중한 선택의 산물로 생각하면서[418] 놀랍도록 정확하고 새로운 미학이 공식화된 결과물인 자동차와 대조시켰고, 지성과 과감함을, 즉 상상력과 차가운 이성을 동원한 비행기에서 파르테논을 건설한 정신을 발견한 것도[419] 동일한 맥락에서다.

프랑스 건축가이자 역사이론가인 뤼캉Jacques Lucan, 1947~은 르코르뷔지에가 아크로폴리스 언덕에서 보낸 시간이 르코르뷔지에의 일생에 미친 영향을 고찰하며 그 제목을 〈모든 것이 거기서 시작됐다Tout a commencé là...〉라고 붙였다.[420] 뤼캉은 "굉장한 기계인 파르테논은 사람을 여지없이 때려눕히고 제압한다. …… 그것은 바다에 대응하여 입방체를 추대한다"는 《동방여행》의 문장과 "파르테논은 모든 풍경과 정정당당하게 겨룬다. 그것은 대지 전체에서 수학적 장소이며 그 크리스털의 모든 모서리들은 마치 메아리처럼 풍경에 대답한다"는 《네 길 위에서Sur les quatre routes》1941의 문장 인용을 시작으로 르코르뷔지에가 평생을 통해 파르테논에 대해 언급했음을 환기시킨다. 또한 르코르뷔지에의 첫 회화작품인 〈벽난로La Cheminée, 1918〉와 〈네 가지 구성 방식4 compositions〉 중 두 번째에 해당하는 슈타인-드몬지 주택의 '순수한 프리즘prisme pur' 형태 등을 거론하면서,[421] 르코르뷔지에가 파르테논을 건축에서 가장 중요한 단어인 본질에 이르기까지의 축약의 상징으로 받아들였음을 지적했다.

아크로폴리스 언덕에는 파르테논 신전뿐만 아니라 르코르뷔지에에게 깊은 감동을 준 건축물들이 여럿 있다. 그는 관문에 해당하는 프로필리이아Propylaea의 원기둥, 평평한 바닥과 벽과 같은 명확한 요소들 간의 관계에서, 대지를 구성하는 것들과의 조화에서, 구성의 모든 부분으로 그 영향을 미치는

파르테논 신전의 열주와 전경을 그린 르코르뷔지에의 스케치, 1911. 르코르뷔지에는 아크로폴리스의 건물과 주변 전경들과의 연관성에 대해 여러 차례 언급했다.

르코르뷔지에, 벽난로, 1918. 르코르뷔지에에 의하면 그의 첫 유화 작품이다. 두 권의 뉘어 있는 책 오른쪽에 하나의 흰색 입방체가 있다. 평범한 덩어리가 아닌 빛 아래에 놓인 순수 결정체다.

조형적 체계에서, 사용된 재료의 통일성에서 전반적인 윤곽의 통일성에 이르기까지 생각의 통일성에서 감동이 우러나옴을 사진과 함께 설명했다.[422] 의도의 통일성과 가장 순수하고 명료하며 경제적인 것을 이루고자 하는 바람을 가지고 대리석을 가공한 냉정한 판단에서 감동이 유발된다는 것이다.[423] 여기서 모든 것은 정확히 진술되었고, 몰딩은 빈틈이 없고 견고하며, 주두의 고리 모양 테와 원주 맨 위의 관판abacus과 처마도리architrave의 띠 사이에는 관계가 설정되어 있다고 보았다.[424]

　이렇게 아크로폴리스 언덕에서 신의 영역에 해당하는 여러 건축물 각각이 감동적인 대상이었다. 단순한 목조 구조물에서 유래된 그리스 신전은 건축의 단계로 조금씩 나아가 파르테논에서 진보의 정점에 도달했다. 거기에는 비례가 명확하게 기록되어 있으며, 각 부분은 과단성이 있고 정확성과 표현에 있어 최고의 경지, 건설자나 엔지니어, 제도사의 작품 수준을 초월한 완전하고 높은 영적 경지의 작품으로 2,500년 전에 이미 완성되어 오늘날까지 생생한 교훈을 전해 준다.

| 에필로그 |

바른 건축을 위하여

"나는 이제 누구를 위해 일해야 하나?"[425]

근대건축의 거장 시대 이후를 계승한 대가로 공인되는 루이스 칸Louis I. Kahn, 1901~74은 르코르뷔지에가 사망했다는 소식을 듣고 이렇게 탄식했다. 예일대학 미술갤러리1951~53와 펜실베이니아대학 리처드 메디컬 연구소 건물1958~60 등으로 세계적 명성을 얻으며 르코르뷔지에의 작품과는 구별되는 자신의 건축을 탄탄히 구축했던 칸이 개인적 친분이 없었던 르코르뷔지에의 죽음에 이런 말을 할 정도로 충격을 받은 이유가 무엇일까? 멀리서 르코르뷔지에의 강연을 한 번 들었을 뿐이고 인사 한 번 제대로 나눠본 적 없는 칸이 그동안 르코르뷔지에를 위해 건축 작업을 해 왔다는 말인가?

이 장면은 심오한 깨달음은 서로 통하며 부차적 차이는 포용 가능함을 확인시켜 준다. 잘못된 틀림은 배격되어야겠지만 각자의 진정성이 담보된 다름은 존중될 수 있다. 비록 그들의 건축은 달랐지만, 칸의 건축도 르코르뷔지에의 건축처럼 역사 속에 그 연원을 두고 건축의 근본에 대한 질문에 진지했다. 칸이 침묵을 구축하려고 한 반면에 르코르뷔지에는 침묵과는 다른 음악적인 건축을 하는 등 실천에서 상이한 방법론을 보였다. 그러나 그들은 동일하게 빛과 그림자를 너무나 소중히 여겼으며,[426] 단순화와 함께 명확하고 일관성 있으며 정확하고 엄격한 질서체계를 탐구했다. 앞의 탄식을 보건대 칸이 르코르뷔지에의 건축에서 느낀 공감대가 매우 넓었나 보다. 대선배를 의식하며, 존경하며 작업했음은 분명한 것 같다.[427]

이러한 칸이 건축이 무엇이냐는 질문을 받았다. 그는 머뭇거리다 "그것을 내일이라도 당신에게 말해 줄 수 있다면 좋을 텐데요"라고 했다.[428] 자신만의 깊은 건축 철학을 지녔을 뿐 아니라 르코르뷔지에의 주요 저서를 읽지 않았을 리 없고 그 안에 담긴 건축 정의들을 한 번쯤은 숙고해 봤을 칸의 대답이 그러했다. 단순히 과묵하고 겸손했던 칸의 성격 때문만으로 치부할 수 없는 이 반응은 그만큼 건축을 몇 마디 말로 설명하기가 어려우며, 다른 한편으로는 그렇게 요약하는 것이 의미가 있는지를 반문하는 것 같다.

그럼에도 우리는 이 책에서 르코르뷔지에의 수사학적이면서 창조적이고 교훈적인 저서들 전반에 배어 있는 건축 정의들을 살펴보고 상호관계를 짚어 보았다. 우리에게 건축의 참모습에 대한 차분한 성찰이 필요하기 때문이다. 그의 건축 정의들은 외적 현상에 현혹되지 않고 본질을 꿰뚫어 봄으로써 지식의 마구잡이 집적으로는 얻을 수 없는 지적 통찰력과 간단한 경구나 단어로 사물의 급소를 찌르는 촌철살인의 능력을 드러낸다. 이렇게 르코르뷔지에의 건축 정의를 전반적으로 살펴본 지금도 우리는 칸이 곤란해 했던 것처럼 건축이 무엇인지를 속 시원하게 술술 진술하기는 여전히 어렵다. 역시 칸처럼, 그렇게 해야 할 필요성도 느껴지지 않는다. 알게 되는 것은 모르는 것이 더 많아짐을 뜻하지만 이전의 막막함과는 다르다. 자신이 무엇을 모르는지 안다는 것은 무엇을 아는지 아는 것만큼 소중한 법이다.

이제는 르코르뷔지에와 다른 시대, 다른 환경에서 자라고 교육받은 우리 나름의 건축에 대한 생각을 천천히 정리하고 음미해 가면서 튼튼하게 구축해 나아갈 차례다. 우리 각자가 세워나갈 건축 정의는 어쩌면 한 점을 향해 수렴되는 것이 아니라 더 넓은 스펙트럼을 향해 번져가는 것일지 모르겠다. 건축인들 중 특히 설계쟁이들은 건축이 하나뿐인 정해진 답을 찾아가는 행위라면 벌써 흥미를 잃고 싫증냈을, 자원하여 골병드는 사람들이다. 주어진 어려운 조건 속에서 최선을 추구하며 자신이 하는 작업에 대해 끝없이 자문하고 만족스러운 답을 얻지 못하면 한 치도 더 나아가기 힘들어 하는 고달픈 운명을 태생적으로 지녔다. 그 와중에 심적 갈등을 겪으며 빠져들게 되는 건축이 무엇인가에 대한 숙고는 내가 뭘 하며 살고 있는지, 도대체 내 삶이 어떤 의미가 있는지에 대한 실존의 문제다.

이렇게 건축의 길을 더듬어 가는 우리에게 르코르뷔지에의 건축 정의들은 더운 날 목마른 산행 때 우연히 접한 맑고 시원한 샘물 같다. 비록 청량음료처럼 달지는 않지만 무색무취한 샘물 속에 담긴 유익한 미네랄은 우리로 하여금 내실 있는 건축을 할 수 있게 하는 영양소다. 형태에 집착하여 눈길을 끌기에 급급한 건축, 물질성과 정신성이 불균형한 건축, 자연광에 둔감하고 공간성이 빈약한 건축, 실용성에 충실하지도 실용성을 초월하지도 못한 건축, 그릇된 기존에 안존하는 건축, 찰나적 감탄 유발에 혈안인 건축, 역사성도 진취성도 없는 건축의 때를 씻기 위한 우리의 노력을 도울 자양분이다.

르코르뷔지에의 1920년대를 집중 재조명해 본 지금, 1960년 중반까지 생존하여 작업한 그가 당시의 빛나는 성취를 넘어서 어떻게 자신의 건축 정신을 계속 건강하게 발전시켜 나아갔는지 궁금해진다. 르코르뷔지에는 전통을 과거의 답습이나 고수가 아닌 가장 혁신적인 것들이 끊임없이 이어지고 있는 상태, 즉 미래로 우리를 이끌어 주는 가장 믿음직한 지침으로 보고 표준을 지속적인 연구를 통한 끊임없는 개선을 필요로 하는 대상으로 여겼다. 그러면서 역사에 굳게 발을 디딘 채 시대정신에 각성해 스스로를 독려했던 그는 실제로 1930년대 이후 여러 방면으로 변화를 모색했다. 미학자이자 소설가인 오스카 와일드Oscar Wilde, 1854~1900의 "모든 기계는 아름다울 수 있다. …… 장식을 찾지 마라"[429]라는 확신에서 느껴지는 호기 넘치는 기계미학과 엔지니어의 분석을 초월한 것이다. 또한 앞서도 거론된, 건축적 집대성으로서의 '형언할 수 없는 공간'에 몰두했고, 황금분할에 의한 황금수nombre d'or와 인간 척도에 기반을 둔 국제 비례체계인 '모뒬로르'를 창안하여 이후 그의 모든 작품에 적용하는 등 그의 건축적 진화는 계속됐다. 조각적 형상의 롱샹 순례자 성당에서 1920년대의 백색 미학과 플라톤적 기하학이 감춰지고 자울 주택Maisons Jaoul, Neuilly-sur-Seine, 1937년 초기 계획안 완성, 1953~55년 건설 등에서 토속적인 구축체계가 적용되는 등 1920년대의 정신에서 멀어진 듯 보였다.

그러나 그가 결코 "초기의 신념이나 그 원천들을 폐기하지 않았다"[430]는 지적에 나는 동의한다. 1923년에 설계한 라로슈 주택과 알베르-장느레 주택에서부터 1926년에 설계한 슈타인-드몬지 주택, 1928년에 설계한 카르타주 주택과 사부아 주택까지 자신이 5년에 걸쳐 설계했던 주택들을 정리한 '주택의 네 가지 구성 방식' 이론에서 볼 수 있듯이, 자기 작품을 반복 해석해 봄으로써 이미 일어난 일들에 대한 자각을 진보의 밑거름으로 삼는 르코르뷔지에의 경이로운 지적 순환이 평생 지속됐기 때문이다. 의식적으로 이론과 실행이라는 두 바퀴를 함께 굴려감으로써 끊임없는 자기반성과 총체적 노력을 견지한 그는 기술적·미학적으로 새로운 실험을 그치지 않으면서도 '건축적 산책'이나 '자유로운 평면', 빛에 의한 건축 같은 초기의 주제들은 변함없이 적용시켜 갔다.[431]

르코르뷔지에의 생애를 전반적으로 조명해 볼 수 있는 오늘날과 달리 1920년대를 전후한 당시 시대상황은 "보잘것없는 장식은 뒷전으로 밀려나 비례와 척도가 성취됨으로써 진보가 이뤄진 것이다. 우리는 초보적인 만족장식을 지나서 상위의 만족수학에 이르게 되었다"[432]라는 주장을 해야 했던, 장식의 존재에 대해서까지 왈가왈부해야 했던 시기였다. 그때와는 판이하게 달라진 지금 그의 건축 정의를 다시 돌아봄은 신토불이가 아니라고, 지난 시간의 것이라고 외면하기에는 공간과 시간의 이격을 견딘 그의 혜안과 성취가 여전히 밝은 빛을 발하기 때문이다. 우리는 시대를 초월한 동서양 정수의 극은 서로 통함을 건축에서도 이미 거듭 체험하고 있다. 건축의 본질에 기초한 까닭에 여전히 유효한 그의 건축 정의들이 때로는 각개로, 때로는 조합되어 우리에게 크고 작은 깨달음의 출발점이 되고 마침내 우리 환경에 적합하게 소화될 수 있다면, 시대정신에 맞추어 전통을 업데이트하며 물질성과 정신성을 겸비한 오늘의 충실한 건축을 그려볼 수 있다면, 그래서 건축을 보는 눈이 밝아지고 우리의 건축적 지평이 넓혀진다면, 르코르뷔지에의 열정적인 건축 정의들은 시·공을 초월하여 우리의 소중한 건축적 자산이 될 수 있다.

파주출판도시 조성에 참여하면서 건축문화의 중요성을 몸소 체험하신 이건복 사장님의 결단에 의해 첫 사업으로 2002년 도서출판 동녘에서 번역서 《건축을 향하여》의 초판이 발행된 이후로 지금까지 르코르뷔지에의 명저들 여러 권이 동녘에서 번역 출판됐다. 여기서 번역된 책들의 핵심 내용에 기초한 이 책을 통해 르코르뷔지에의 건축 정신이 좀 더 넓고 깊게 이해되어 우리 건축의 발전에 작은 도움이 되기를 바란다. 분량이 많지 않은 책에 때로는 읽기에 불편을 끼칠 만큼 400개가 넘는 각주를 다는 무리수를 둔 것은 깔끔한 책의 형식보다는 이 책을 넘어 더 공부하고자 하는 분들을 위한 것임을 이해 바란다. 건축을 향한 애정에 마음을 합해 주신 도서출판 동녘 가족들에게 다시 한 번 깊은 감사의 마음을 전하며, 사랑하는 아내와 두 딸 다은, 다혜에게 이 책을 바친다.

주
사진출처
참고문헌

주

1. 현대 예술의 기반을 닦은 데스타일이 건축을 모든 예술의 통합으로 보고 변화를 주도한 것이나 바우하우스가 완전한 건축을 모든 시각예술의 최종 목표로 삼았던 사례들은 당시 예술이 생각했던 건축의 위상을 보여 준다.
2. 철근콘크리트를 사용하는 부친의 가업에 영향 받아 산업적 근대주의에 관심을 갖다가 이웃인 철근콘크리트 전문가 페레August Perret, 1874~1954로부터 동일한 관심을 가졌던 르코르뷔지에를 소개받았다. 1914년에 발행한 잡지《렐랑 l'Elan》도약이라는 뜻을 통해 아방가르드들과 교류했으며, 르코르뷔지에게 유화를 가르쳐 주며 함께 순수주의 회화를 탐구했다.《레스프리 누보》의 건축 관련 초기 글들 중 상당수는 오장팡이 개입해 두 사람의 필명으로 함께 발표됐다.
3. 1910년 파리에 정착하여 만난 아폴리네르를 통해 피카소 등 파리에서 활동하는 화가, 문인들과 교류했다. 여러 잡지를 발행했으며《레스프리 누보》발간도 그의 주장에 의해서였다(Ivan Žakinć, The Final Testament of Père Corbu, Yale University Press, 1997, p. 110). 전통적 예술문화에 반대하여 비이성, 우연, 직관을 주장한 운동인 다다이즘dadaïsme에 속한다는 비난을 받은 그가《레스프리 누보》의 미학에 기여한 공헌이라면 그가 지성에 이율배반적인 원리로 정의한 시정 또는 서정성 개념이다.
4. 1920년 10월부터 1925년 1월까지 28회 발행된 "현대 활동에 관한 삽화가 있는 국제 잡지"인《레스프리 누보》는 제1차 세계대전에서 벗어나 조형 예술과 광범위하게 연계된 관심 분야에서 지적 활동의 새로운 경향들을 드러내기 위해 회화, 조각, 건축, 음악, 무용, 문학, 철학, 경제학과 응용과학이 망라되어 다뤄졌다.
5. 여기서 언급되는 세 권 이외에《도시계획Urbanisme》1925,《근대회화La peinture moderne》

1925와 《근대건축연감*Almanach d'Architecture moderne*》1926이 있다.

6. 《향》, 105쪽.

7. avant-garde, 전위대前衛隊. 군사적 의미로는 이미 결정된 전투부대에 길을 마련해 줄 임무를 띤 첨병 선발대를 일컫는다. 인간 활동의 다양한 영역에 엄밀히 적용된 이 용어는 창조자créateur들을 가리키는 것이 아니라 선구자들, 또 어떤 의미에서는 조숙한 사람들prématurés을 가리킬 수 있는데, 어떤 형식을 대단히 일찍 예견하고 성숙의 시기가 왔을 때 다른 사람들에게 그 개척을 맡긴 사람들이다. 아직껏 인정받지 못하는 것과 잘 팔리지 않는 것을 의미하기도 한다. 한때 아방가르드 화가였던 쿠르베나 마네는 반고흐나 세잔느가 등장했을 때는 더 이상 아방가르드가 아니었다. 반고흐나 프랑스 누보 레알리즘 Nouveau Réalisme 화가인 클랭이 아방가르드 미술가의 전형으로 남은 것은 그들이 40세 이전에 요절했기 때문이다. 아방가르드란 젊음의 예술이며, 모든 젊음과 마찬가지로 삶의 새로운 추진력과 대체되는 것으로 인정되기 때문이다. Michel Ragon, 《예술, 무엇을 하기 위한 것인가》, 김현수 역, 미진사, 1991, 95, 106~107쪽 참조.

8. 'Modern architecture'를 근대건축으로 해석할 것인지 현대건축으로 할 것인지 흔히 혼동된다. 둘 다 가능하다. 현대건축을 말할 때 자주 쓰이는 'contemporary'는 '함께'라는 의미의 접두어 'con-'과 시간을 의미하는 어근 'temp'이 어울려 '동시대의'라는 시간 개념을 내포한다. 미켈란젤로가 레오나르도 다빈치와 동시대인이었던 것처럼 'contemporary'는 역사 속에 항상 있어 왔다. 반면에 'modern'은 역사 속에서의 시대 구분이기보다는 시간 개념을 초월한, 문화를 형성하는 여러 요인과의 관련 속에서 하나의 가치 개념이다. 예를 들어 르네상스 건축은 직전의 고딕건축과는 구별된, 르네상스만의 독특한 성격을 지녔으므로 고딕에 비해 'modern'하다. 오늘날의 현대건축 Contemporary Architecture이 20세기 초반의 개혁적 특성을 적극 수용하고 보편화된 데서 여전히 현대건축은 'modern'할 수도 있고 그렇지 않을 수도 있다. 문장 중간에서 때로 Contemporary나 Modern을 대문자로 쓰는 것은 'contemporary'와 'modern'이 과거에도 있어 왔기 때문에 지금 우리가 살고 있는 이 시대의 것을 구별하여 가리키는 한 표현법이다. 따라서 근대건축Modern Architecture(이 또한 현대건축으로 번역 가능하다)이 반드시 현

대건축Contemporary Architecture보다 시기적으로 이전 건축이라는 뜻은 아니다.

9. 건축의 올바른 발전을 위해 이러한 반대 의견은 소중하다. 예를 들어 모라반스키A. Moravanszky는 자신의 글에서 1920년대를 주로 하여 1930년대까지 유럽 대륙에서 발행된 여러 잡지들에 게재된, 르코르뷔지에의 작품과 건축 이론에 대한 다양한 비판적 의견을 소개하고 있다. 르코르뷔지에가 우파와 좌파 모두에게서 공격받는 상황도 나온다. Akos Moravanszky, *Europe Central: Les avant-garde, une reconnaissance critique*, in Le Corbusier, une encyclopédie, Centre Georges Pompidou, 1987, pp.147~150.
10. 《향》, 7쪽.
11. 《향》, 7쪽.
12. 《장》, 139쪽.
13. 《프》, 44쪽.
14. 《프》, 239쪽.
15. 유대계 오스트리아 심리학자이자 정신과 의사. 정신분석의 창시자며 심층심리학을 확립했고 소아성욕론을 수립했다. 그의 사상은 심리학과 정신의학뿐 아니라 사회학, 사회심리학, 문화인류학, 교육학, 범죄학, 문예비평 등 다방면에 영향을 미쳤다.
16. Stephen Kern의 《시간과 공간의 문화사 1880~1918》은 1880년부터 1918년까지의 시간과 공간의 경험을 형성한 기술적·과학적·문학적·예술적·철학적 흐름의 중요한 발전들과 역사적 맥락에서의 관계성에 대해 개술하고 있는데, 공간 개념이 비로소 부각되기 시작하고 시간 개념이 가미된 20세기 근대건축도 거론된다. 저자는 건축의 역사를 공간 형성의 역사로 보고 이전에는 공간이 마루, 천장, 벽 등의 긍정적인 요소들 사이에 있는 부정적인 요소로 간주되다가 이 시기부터 공간 자체를 긍정적인 요소로 보기 시작했으며, 건축가들은 다양한 형태의 '방들'이 아니라 '공간'을 구성한다고 생각하기 시작했음을 지적한다. 이 역시 1920년대가 매력적인 이유다.
17. 페브스너Nikolaus Pevsner는 예술공예운동을, 기디온Sigfried Giedion은 19세기 공학기술을, 카우프만E. Kaufmann은 계몽주의를, 베네볼로Leonardo Benevolo는 산업혁명 이후 그에 따른 사회 및 정치 변화를 현대건축의 기원으로 삼았다. 벤험Rayner Banham 같

은 이는 현대건축이 19세기 합리주의나 아카데미즘과 완전히 단절된 것은 아니라고 여겼다.

18. 19세기 후반기 영국에서 수공예와 일용품의 높은 디자인 수준을 강조한, 간접적으로 건축도 포함된 응용예술 운동인 예술공예운동을 일으킨 런던국제박람회가 모든 산업국가들로 하여금 미래의 산업 경쟁을 염려하게 했다는 관점(Gérard Monnier, *Influence du Bauhaus sur l'architecture contemporain*, C.I.E.R.E.C., p.57)을 감안하면 그 영향력은 매우 크다고 할 수 있다.

19. 영국의 작가이자 디자이너, 건축가. 노동의 가치를 찬양하는 러스킨John Ruskin, 1819~1900에게 영향을 받고 예술 민주화 신념으로 모든 생활용품을 손으로 직접 아름답게 만들어 저렴하게 판매할 목적으로 모리스 상회를 운영했다. 그의 디자인에서 장식의 정직성이 회복된 것은 근대운동의 역사에서 높이 평가된다.

20. 새로운 예술이라는 뜻으로 1890년에서 1905년 사이 유럽 전체에 퍼졌던 낭만적·개인적·반역사적 예술 운동. 예술공예운동이 원류로서 세기말의 유미주의唯美主義와 병행하여 식물에서 착상을 얻은 우아한 곡선을 모티프로 한 장식성을 추구하여 회화, 조각, 일용품, 건축 등 다방면에 변화를 가져왔다.

21. Kenneth Frampton, *Modern Architecture: A Critical History*, Thames and Hudson Ltd., 1980, p.132. 오스트리아 건축가 호프만은 아르누보의 곡선적인 식물장식에서 벗어나 직선과 정방형, 기하학적 형태와 흑백의 반복에 의거한 우아한 양식을 구사하여 스토클렛Stoclet 주택 같은 작품을 남겼다. 건축 설계 이외의 모든 예술의 융합을 이상적으로 여겨 가구, 집기류, 융단, 램프 따위의 공예 전반에 걸쳐 혁신적인 디자인을 시도했다.

22. "저주" 또는 "파문"으로 해석될 수 있는 단어 'anathema'는 이 논문이 번역될 때1957 Reyner Banham이 사용했다. 이 논문으로 인한 무장식적 건축의 이념은 "모세의 율법"에 비견하는 것이었다. Reyner Banham, *Adolf Loos—Ornament and Crime*, in The Rationalists: theory and design in the modern movement", edited by Dennis Sharp, 1978, pp.27~32. 벤험은 이 글의 마지막에서 로스의 의도를 "장식과 죄악은 동등하다"라고 결론지었다.

23. Peter Collins, *Changing Ideals in Modern Architecture 1750~1950*, Faber & Faber, 1965, p.126.
24. Morris Besset, *Le Corbusier*, Skira, 1987, p.30.
25. Carter Wisement, 1982, p.126.
26. 아돌프 로스,《장식과 범죄》, 현미정 역, 소오건축, 2006, 391~393쪽.
27. 프랑스 건축가. 1899년 로마대상Grand Prix de Rome을 수상한 후 부상으로 빌라 메디치 Medici에 유학했으나 국비 장학생으로서의 의무인 고전건축에 대한 연구는 소홀히하고 대신 '공업도시'를 구상, 1904년에 발표했다. 이 계획안의 독립된 용도별 구획 설정은 1941년 르코르뷔지에가 주도한 4차 CIAM근대건축국제회의회의 결과 미래의 도시계획에서 주거, 여가, 노동, 교통을 중시해야 함을 합의한 것에 르코르뷔지에가 과거의 양식을 차용하지 않으면서 기계 시대에도 보존할 가치가 있는 개별적 건조물이나 도시를 보존하자는 제안을 덧붙여 1943년에 발간한《아테네헌장Charte d'Athènes》의 원리를 예고하는 것이었다.
28. 철근콘크리트 및 구조 전문가로서 두 형제가 함께 페레 형제Perret Frères라는 회사를 차려 파리 프랭클린 가의 아파트, 샹젤리제 극장 등 다수의 작품을 남겼다.
29. Le Corbusier & Pierre Jeanneret, *Oeuvre complète 1910~1929*, Les Éditions d'Architecture, 1927, p.13.
30. 르코르뷔지에는《건축을 향하여》에서 '공업도시'에서 발췌한 주거구역의 배치도 한 장과 투시도 두 장을 제시하며, 밀도를 낮게 잡은 것을 제외하면 진보된 사회적 질서가 있고 이 질서가 주는 행복이 생겨난다고 평가했다. 71~73쪽.
31. 1876년 필라델피아 백년제에서 독일 제품이 신생국 미국 제품보다도 못하다는 악평이 있었으나 1870년 뒤늦은 독일의 통일과 비스마르크 재상의 강력한 통치로 산업주의와 범국수주의에 박차를 가한 결과 빌헬름 치세 때는 독일 실리주의에 반대하는 프로이센 귀족의 반동이 일어나 본질적인 독일 문화의 초기 수공예로 복귀하려는 경향이 대두했다. 이를 위해 예술공예운동이 일었던 영국을 연구하기 위해 파견된, 독일 건축가이자 작가이며 외교관인 무테지우스는 영국 실용주의에 감동하여 순수예술을 넘어서 이

에 상응하는 수공예품을 생산해야 한다는 희망을 가졌다. 그의 책, *The English House*, 1904에 게재된 것을 Ch. Benton & D. Sharp, *Form and Function*, Crosby Lockwood Staples, pp.34~35에서 재인용. 1906년 제3회 독일수공예전시회 책임자였던 노만, 슈미트와 함께 무테지우스는 1907년 독일공작연맹을 설립했다.

32. Edward Lucie-Smith, *A History of Industrial Design*, Phaidon, 1983, p.95.
33. 벨기에 태생으로 점묘화법과 반고흐의 영향을 받은 화가로 출발하여 1890년경 러스킨과 모리스의 영향으로 아르누보 디자이너로 변신했다. 브뤼셀과 파리, 드레스덴 등지에 건축 작품을 남기고 전시회를 열었으며 바이마르 예술학교 및 예술공예학교 건물을 짓고 교장으로도 활동했다. 예술가들의 본질적이고 창의적인 권리를 주장하며 추상적이고 유기적인 장식을 고안했던 그는 1914년 쾰른 독일공작연맹전 전시관의 예처럼 과감한 곡선을 건물에 도입했으나 말년에 가서는, 그의 크뢸러 뮐러 미술관Kröller-Müller Museum, Otterlo, 1937~54에서 볼 수 있는 바와 같이, 덜 개인적이면서 더욱 합리적이고 직각에 기반한, 로테르담 건축학파에 근접한 작품들을 남겼다.
34. 1914년 쾰른공작연맹전시회에서 발표된 '공예연맹의 명제와 반명제'는 Ulrich Conrads,《건축 선언문집》, 이현호 역, 기문당, 1986, 32~36쪽 참조.
35. Julius Posener, *Entre l'art et l'industrie de Deutscher Werkbund*, in Le Werkbund, Éditions du Moniteur, 1981, p.7
36. 르코르뷔지에는 1908년, 1910~11년, 1913년, 1914년에 당시 한창 산업화에 매진하던 베를린을 비롯한 여러 독일 도시들을 방문하고 몇 달씩 머물기도 했다.
37. 근대건축의 거장 중 한 명으로 추앙받는 그로피우스의 파구스Fagus 공장Alfeld, Leine, 1910~14과 바우하우스 학교 건물Dessau, 1927~29은 20세기 대표적 건물로 손꼽힌다. 나치의 박해로 미국으로 망명해 하버드 대학에 재직하며 자신이 세웠던 바우하우스의 교육 이념을 전 세계에 전파했다.
38. 베렌스 사무실에서의 작업1908~11 후 개업하여 처음에는 싱켈의 고전주의와 이후 유행한 표현주의를 거쳐 1920년대 후반 이래로 그만의 근대건축을 시작했다. 1929년 바르셀로나 박람회의 독일관이 보여 준 열린 평면과 탁월한 공간 구성은 그의 명성을 드높

였다. 바우하우스 3대 교장으로 재임 중 나치의 박해로 도미한 후 '보편적 공간Universal Space' 개념에 입각한, 다양한 기능적 요구에 대응할 수 있는 입방체적 단순성과 완벽한 디테일을 특징으로 하는 다수의 걸작 유리 건축물들을 남겼다.

39. 독일의 건축가이자 디자이너. 원래 아르누보 예술가였으나 건축가로 변신한 인물로 1907년 베를린 대전기회사A.E.G.의 건축가 겸 디자이너로 임명되어 일상용품에서 건물까지 기하학적 형태의 비례미로 형의 순수함과 수수함을 나타냈다.

40. 이때의 보고서는 《독일의 장식예술운동에 관한 연구*Étude sur le Mouvement d'Art Décoratif en Allemagne*》라는 제목으로 1912년에 발간됐다. 르코르뷔지에는 당대 최고 거장이었던 베렌스에게 접근하기도 어렵고 파사드를 그리는 법만 배웠다면서 관습적인 작업에 싫증을 내고 파리를 그리워했다.

41. 이탈리아 이론가이자 시인, 편집인. 1909년 2월 20일자 《르피가로》에 《미래주의 선언문》을 발표하면서 미래주의 시학파를 주도했으며, 이후 화가, 음악가, 건축가들의 미래주의 운동으로 확산시켰다.

42. 미셸 드클럭이 설계한 주거단지인 아이겐하르트 공동주택이 대표작이다. 구조적 합리성보다 형태에 대한 개인의 상상력을 중시해 네덜란드의 전통건축 재료인 벽돌로 물결치는, 우아하고 역동적이며 육중한 표피감을 드러냈고, 주거단지의 수평성과 환상적인 타워의 수직성을 대비시켜 위계적 처리와 시각적 자극에 유의했다. 1923년 39세로 M. de Klerk이 요절하면서 이 운동은 급속히 막을 내렸다.

43. 네덜란드 화가 몬드리안의 후기작을 잘 설명하는 신조형주의 이론은 다음의 다섯 가지로 요약된다. 첫째, 조형의 수단은 삼원색, 무채색에 의한 평면 또는 사각형이어야 한다. 건축에서 공간이 무채색에 해당하고 재질은 색채로 간주된다. 둘째, 조형수단의 등가성이 필요하다. 크기와 색채는 차이가 있지만 같은 가치를 가진다. 균형은 일반적으로 무채색의 큰 평면과 색채 또는 재질의 작은 평면 사이에서 이루어진다. 셋째, 구성할 때의 조형수단으로 대립적 요소의 이원성이 요구된다. 넷째, 조형수단을 중성화하고, 없어지는 균형은 조형수단을 차지하고 있는 균형에 의해 달성되고, 그것은 생생한 리듬을 창조한다. 다섯째, 모든 대칭은 배제되어야 한다.

44. 새로운 건축은 요소적·경제적·기능적·무정형적·개방적·반입체적·반장식적이며, 모뉴멘탈 개념이 규모의 대소와 무관하며, 수동적 요소를 갖지 않고 벽을 개방했으며, 공간뿐 아니라 시간의 차원도 고려하며, 대칭과 반복을 제거하면서 정면편중주의를 극복했고, 4차원적으로 사고하는 능력을 전제로 예술의 가장 요소적인 발현을 종합함으로써 신조형주의의 종합인 건축의 진정한 본성을 드러낸다고 주장했다. Ulrich Conrads, 《건축 선언문집》, 이현호 역, 기문당, 1986, 98~100쪽.

45. Michel Ragon, *Histoire de l'architecture et de l'urbanisme moderne*, tome 2, Casterman 1986, p.112.

46. W. Jr. Curtis, *Modern Architecture since 1900*, Phaidon, 1982, p.126.

47. 《향》, 123쪽.

48. 이탈리아 태생 프랑스 시인이자 소설가로서 평론《입체파 화가*Les Peintres Cubistes*》1913 및 오장팡과 르코르뷔지에가 자신들의 새로운 잡지 이름으로 채용하기도 한《레스프리 누보》등을 통해 모더니즘 예술의 발족에 큰 영향을 끼쳤다. 제1차 세계대전에 참전해 입은 부상으로 38세에 요절했다.

49. 유럽 도시 문명과 예술적 취향에 정면으로 도전한, 파시즘의 진보성에 매료된 열렬한 이탈리아 민족주의자 건축가. 1914년 7월 마리네티와 함께 '미래주의 건축 선언'을 발표했다. 그의 1914년 전시회에서 미래파적 '신도시la Città Nuova' 도면을 전시하여 건축 형태와 기술의 연계라는 근대건축의 명제를 열었다.

50. 1924년에 발표된 절대주의 선언문은 "회화 창조에서 가장 중요한 것은 빛깔과 짜임새다"라고 하며 비구상회화의 창조를 주장했다. 구상성을 환원하는 방법으로 소수의 상징적 기본 요소로 집약하며, 정방형, 원형, 그리스 십자형 등을 화면 구조의 기본적 형태로 선언했다. 모든 관능과 묘사를 배제하고 순수하고 지적인 구성작품을 추구했다. 〈검은 사각형〉 같은 작품은 공간의 깊이를 형성하던 원근법적 사건과 그림의 틀이 완전히 사라져 화면상에는 크기를 인식할 수 없는 대상과 소실점이 존재하지 않는 공간 속으로 무한히 침잠한 채 존재한다. 선언문은 Ulrich Conrads,《건축 선언문집》, 이현호 역, 기문당, 1986, 109~111쪽 참조.

51. 절대주의의 영향으로 발생한 1922년까지의 구성주의 건축은 1917년에 성공한 사회주의 혁명의 결과 구체제의 고전주의적 양식을 근본부터 변조하려는 노력과 건축에서 새로운 혁명사회의 반영인 집단의 의지와 노동의 상징적 표현을 추구했다. 타틀린이 1920년에 구상한 〈3차 세계 공산당 대회를 위한 기념탑〉 모형의 예와 같이 공상적이고 상징적이고 형식적인 면이 강했다.
52. 관습화된 기존 예술을 눈속임으로 보고 자연의 본질을 드러내기 위한 새로운 예술 시도로서 자연의 드러난 현상인 대상에서 자연의 본질인 비대상으로 전환코자 했다. ① 있는 그대로의 대상 지각 후, ② 색조tone에 의한 일원화를 거쳐, ③ 현상의 예술적 변형이 일어나 화면에 새로운 질서를 창조하고, ④ 대상이 사라진 순수한 세계 인식의 결과가 나타나는 네 단계를 거친다. 즉 비대상성은 대상을 지각하고 그것을 소통의 수단으로 사용하는 대상의 단계를 부정하는 것이 아니라, 인식을 통해 대상을 초월함으로써 새로운 단계인 비대상의 세계에 도달하는 것을 의미한다.
53. 이 책에서 언급되는 러시아 혁명 이후 예술의 경향에 대해서는 절대주의의 형성과 미적 원리, 절대주의 회화와 절대주의의 구축, 아키텍톤의 성립과 건축에서의 의미를 연구한 논문인 정창호·정진국, 〈아키텍톤의 발생과 의미〉, 대한건축학회논문집, 제13권 제10호, 1997 참조.
54. 다양한 굵기와 길이의 장방형 막대를 중심을 높게 하며 유사한 관계성을 갖고 일방향성으로 수직적으로 세운 수직적 아키텍톤아키텍톤 고타과 직교하며 수평적으로 쌓은 수평적 아키텍톤아키텍톤 알파을 통해 정면성 제거, 전체를 인식하기 위한 순환시점의 필요성 확인, 예술가의 직관과 인식의 허용 등 다양한 가능성을 모색했다.
55. 르코르뷔지에는 파리에 정착한 지 13년이 지난 1930년에야 프랑스로 귀화하고 43세의 늦은 나이에 1922년부터 교제해 오던 이본느 갈리Yvonne Gallis와 결혼했다.
56. 《향》, 9~22쪽.
57. 《향》, 35쪽.
58. 《향》, 36쪽.
59. 《향》, 108쪽.

60. 《향》, 105쪽.
61. 《장》, 45~55쪽.
62. 《장》, 151쪽.
63. 《프》, 196쪽.
64. 〈르코르뷔지에가 샤를르 레플라트니에에게 보낸 편지〉, 《향》, 286~293쪽.
65. 《장》, 230~234쪽.
66. 《향》, 205~223쪽.
67. 《프》, 106~109쪽.
68. 조합이 가능한 표준 요소들인 공장 생산된 기둥과 슬래브, 계단을 조립하는, 평면상의 기능과는 완전히 독립된 골조 체계. 가로 세로 4m 간격의 표준기둥 6개 2×3가 6×10m 넓이의 슬래브를 받치는데 장변의 단부에는 폭 2m의 계단이 있다. 장변에서 하중을 받는 기둥이 입면보다 1m 뒤로 물러나 있어 자유로운 입면과 수평창, 자유로운 평면이 가능해졌다. 제1차 세계대전이 발발한 1914년에서 1916년까지, 전후 복구의 문제점을 예견하고 대비하기 위한 제안이었던 돔이노는 이탈리아어의 집을 뜻하는 'domus'와 'innovation'을 합친 신조어다.
69. 당시 그는 부모에게 편지로, "사업은 점차 위기로 치닫고 있습니다. 살아남을지 모르겠어요……. 너무 가혹한 시간이고 비판은 나를 깊은 밤으로 데려가고 있습니다"라고 하소연했다. 어려운 생활에 대해서도 "저는 제 속으로 움츠러들고 어떤 자잘한 일에도 흥미를 잃었으며 사회성도 상실했습니다. 파리에서의 저의 고군분투가 어떠한 것인지 상상도 못하실 겁니다"라고 토로했다. J.-L. Cohen(int.), *Le Corbusier, le Grand*, Phaidon, 2008, p.85.
70. 르코르뷔지에의 사망 3개월 전 Hugues Desalle와의 마지막 인터뷰 1965에서, Ivan Žakinć, *The Final Testament of Père Corbu*, Yale University Press, 1997, pp.105~106.
71. 르코르뷔지에는 "사람들은 나를 건축가로만 알고 화가로는 인정하지 않지만 내가 건축에 다다른 것은 나의 그림이라는 운하를 통해서다"라고 서운해 하며 자신에게서 회화의 중요성을 강조했다. Lucien Hervé, *Le Corbusier: l'artiste et l'écrivain*, Ed. du Griffon,

72. Ivan Žakinć, *The Final Testament of Père Corbu*, Yale University Press, 1997, p.31.
73. 《프》, 33쪽.
74. Dora Vallier, *L'Art Abstrait*, Librairie Général Française, 1980, p.26.
75. Michel Ragon, *Histoire de l'architecture et de l'urbanisme moderne*, tome 2, Casterman, 1986, pp.70~71. 앙드레 말로는 프랑스 소설가이자 정치가로 다다이즘과 초현실주의에 내재하는 허무주의에 대한 비판과 재건의식에 의해 일어난 문학사조로 작품 속에 행동이 직접 반영되는 행동주의의 대표 작가다. 반파시즘 운동의 투사로 스페인 내란 때 공화군 의용군으로 참전하기도 했던 그를 잘 대변한《인간의 조건》이 대표작이다. 르코르뷔지에를 깊이 이해한 그는 드골 정부의 문화장관 시절인 1965년 초에 르코르뷔지에게 20세기 박물관 계획을 의뢰했으며, 르코르뷔지에의 국장國葬을 자신이 주재하여 루브르 궁 쿠르 카레Cour Carrée에서 장엄하게 치렀다.
76. 위의 책, 75쪽에서 재인용.
77. Le Corbusier, *Le Purisme*, l'Esprit Nouveau, No 4, 1921, p.379.
78. Le Corbusier, *Purisme*, Art d'aujourd'hui, No 7~8, 1950. Reinhold, Hohl, *Le Corbusier*, Editions beyeler bâle, 1971, p.12에서 재인용.
79. Peter Collins, *Changing Ideals in Modern Architecture 1750~1950*, Faber & Faber, 1965, pp.274~278.
80. Le Corbusier, *L'espace indicible*, L'Architecture d'aujourd'hui, No spécial *Art*, 1946, p.23.
81. B. Colomina, *Architecture et Publicité*, in Le Corbusier, une encyclopédie, Centre Georges Pompidou, 1987, p.142.
82. 르코르뷔지에는 이 잡지가 5,000권씩 발행된다고 과장하기도 하면서 오장팡과 함께 많은 기사를 가명으로 발표하여 실제보다 더 많은 저자가 참여했다는 인상을 주었다. 기지의 사실대로 르코르뷔지에는 본명이 샤를르 에두아르 장느레Charles Édouard Jeanneret인 그의 필명 중 하나다.
83. 1차 세계대전을 전후하여 적대국이었던 독일이나 오스트리아와 프랑스와의 긴장관계

가 예술가들이나 관련 전문잡지 등의 교류를 어렵게 했다. 이 논설은 제일 먼저 1912년 Herwarth Walden의 표현주의적인 잡지인 *des Sturm*에 나타났고, 곧이어 1차 세계대전 직전인 1913년 프랑스 잡지인 *Les Cahiers d'Aujourd'hui*에 실렸으나 당시 프랑스에서 살지 않던 르코르뷔지에 등에게 큰 주목을 받지 못하다가 종전 후 1921년에 르코르뷔지에에 의해 *L'Esprit Nouveau* 2호에, 1923년에는 잡지 *L'architecture vivante*에 실렸다.

84. 무명의 르코르뷔지에가 사업을 하던 자신을 "예술가와 예술 운동들 밖에서 위선적으로 살고 있었다"고 고백했던(Le Corbusier, 1950, p.36) 1918년에 오장팡은 이미 예술계의 유명인사로서 아폴리네르와 자주 접촉하고 조르주 브라크와 주앙 그리 같은 입체파 화가들과 교류했다.

85. 피에르 장느레에 대해서는 C. Courtiau, *Pierre Jeanneret*, in Le Corbusier, une encyclopédie, Centre Georges Pompidou, 1987, pp.213~215 참조.

86. Jean-Louis Cohen, *Le Corbusier*, Taschen, 2004, p.15. 로고스 중심주의란 플라톤 이래로 지속되어 온 서구의 형이상학적 경향, 이성적 진리를 중심으로 이뤄진 체계를 말한다.

87. Jacques Guiton, 《건축과 도시계획에 관한 르 꼬르뷔제의 사상》, 이현식 역, 태림문화사, 2002, 14쪽.

88. 발급 일자가 적혀 있지 않았으나 1940년경에 발행된 것으로 보이는 르코르뷔지에의 신분증 직업란에, 세관직원이 그를 국제적으로 유명한 건축가임을 알 수 있음에도, "문필가Homme de Lettres"로 적혀 있는 것이 이채롭다. 프랑스 건축가 면허증을 받기 전이기도 하지만 그만큼 작가로서의 활동을 중시했음을 알 수 있다. 장 퍼티도 이 점을 주목했다. Jean Petit, *Le Corbusier lui-même*, Editions Rousseau, 1970, p.18.

89. 1910의 파리 인구 300만 명을 감안한 계획안으로 살롱 도톤에 전시됐다. 도심의 과밀완화, 인구밀도의 증가, 교통수단의 확대, 식수대 증가를 기본 원리로 삼았다. 중심부의 고가광장에는 20만m²의 비행장, 중2층에는 동-서와 남-북을 가로지르는 폭 40m의 대간선도로, 지상층에는 지하철 교외선과 간선도로, 지하1층은 지하철의 간지선, 지하2층은 교외철도 등이 부설되어 다층의 도시를 이룬다. 2,400×1,500m 넓이의 중심 정원에는 24동의 60층 마천루가 위치하며, 그 둘레에는 빌라형 공동주택들이 포진한다. 중

심 왼쪽에는 박물관과 시청 같은 대규모 공공건물, 더 왼쪽에는 영국식 정원이 있다.

90. 높이 6m의 가림막은 르코르뷔지에를 이해한 드몽지 장관의 중재로 3개월 후에나 철거됐다. 전시회 후 이 새 전시관이 최고상 수여 작품으로 뽑혔으나 "여기는 건축이 없지 않느냐?"는 조직위원회 부회장의 반대로 무산됐다. 프랑스 건축가 앙리 시리아니 같은 이는 이 작은 전시용 임시 건물을 두고 이후로 아직도 이 작품을 능가한 건축이 나오지 않았다고 말한다.

91. 르코르뷔지에는 혹한의 겨울을 견뎌야 하는 이 건물의 주파사드를 전면 유리로 계획하면서 완벽하게 밀봉된, 과학적으로 제어된 환경을 꿈꿨으나 거절당했다. 유리나 석재로 만든 두 피막 사이에 18°C의 공기를 불어넣은 '중화벽'으로 지역과 기후에 구애받지 않는 단 하나의 집, 정확한 호흡을 가진 집을 제안했던 것이다.

92. A. Vesnin과 V. Vesnin 형제는 이론연구와 실무활동을 겸해 함께 1918년 모스크바의 붉은 광장에 노동절 행사 무대장치를 했으며, 1920년에는 역시 모스크바에 마르크스 기념물을 세웠다.

93. 러시아 건축가로 Vesnin 형제 등과 함께 레닌그라드에서 결성된 예술단체인 Oktiabr의 설립자로 활동했다.

94. 1920년대부터 르코르뷔지에는 "적합한 규모의 주거 단위L'unité d'habitation de grandeur conforme"라는 이름으로 집합주거를 연구했는데 1922년의 Immeuble villas 계획안 등, 2차 세계대전이 끝난 이후에야 베를린과 프랑스의 네 도시에 한 동씩만 본보기로 지어졌다. 이것은 300만 거주민을 위한 현대도시 ville contemporaine de trois millions d'habitants 및 선형 도시 une ville linéaire와 함께하는 그의 3대 이상도시 계획 중 하나로 꼽히는, 병들고 혼란스러운 당시 도시를 비판하며 새로운 산업 세계가 조화롭게 통합될 수 있는 합리적 도시구조를 모색한 '빛나는 도시' 개념에 따른 각 동의 원형으로서 생활의 편의를 위한 경비실, 세탁소, 수영장, 유치원, 상점, 도서실, 약국, 호텔 객실 등이 한 동에 함께 입주해 있다. 그는 여기서 기계문명 사회의 새로운 세대를 위한 주택으로서 ①개인의 독립성과 가족 단위의 편의성 및 세대의 독립성 충족, ②건설 부재의 규격화와 공업 생산을 통한 건설기술 향상, ③기술에 의한 시공력 향상으로 건설 시간 및 원가 절약을 시도했다.

95. 르코르뷔지에가 남긴 마지막 글인 *Mise au point*, 1965에서, Ivan Žakinć, *The Final Testament of Père Corbu*, Yale University Press, 1997, p.87에 수록.
96. André Wogensky, *Le Corbusier's Hand*, The MIT Press, 2006, p.5.
97. 그러나 철근콘크리트를 가르쳐줬던 르코르뷔지에와 사이가 좋지는 않았던 오귀스트 페레는 이 건물을 보고 프랑스에 건축가가 두 명이 있는데 자신이 그 중 한 명이고 다른 한 명이 르코르뷔지에임을 인정했다. 피카소는 시공 중인 현장에 와서 하루 종일 머물며 르코르뷔지에와 상호 존경심을 담은 진지한 대화를 나눴다. 르코르뷔지에의 어머니는 90세가 넘은 몸으로 큰아들 알베르와 함께 현장을 찾아 1층부터 옥상테라스까지 계단을 오르내리며 아들을 격려했고 모델하우스에서 하룻밤을 자기도 했다.
98. 문학인 르코르뷔지에에 대한 연구는 상대적으로 적은데, 1993년 르코르뷔지에 재단에서 간행한 *Le Corbusier: Ecritures, éd. Claude Prélorenzo*에 기고된 두 개의 원고(Jean-Louis Cohen의 *De l'oral à l'écrit: 'Précisions et les conférences latino-américaine de 1929*와 Morel-Journel Guillemette의 *Le Corbusier: Structure rhétorique et volonté littéraire*) 등이 있다.
99. E. Clement, C. Demonque, P. Kahn & L. Hasen-Love,《철학사전, 인물들과 개념들》, 이정우 역, 동녘, 1996, 54~55쪽.
100.《장》, 123쪽.
101.《향》, 105쪽.
102.《장》, 60쪽.
103.《장》, 123쪽.
104.《프》, 40쪽.
105.《향》, 105쪽.
106.《장》, 71쪽.
107.《향》, 19쪽.
108.《향》, 138쪽.
109.《장》, 54쪽.
110.《향》, 138쪽.

111. 《장》, 82쪽.
112. 《장》, 118쪽.
113. 《장》, 123쪽.
114. 《장》, 130쪽.
115. 《향》, 103쪽.
116. 《향》, 116쪽.
117. 《장》, 216쪽.
118. 《향》, 105쪽.
119. 《향》, 117쪽.
120. 《향》, 127쪽.
121. 《향》, 145쪽.
122. Ozenfant et Jeanneret, *Après le Cubisme*, éditions des Commentaires, 1918, p.26
123. 앞의 책, 32쪽.
124. 앞의 책, 45쪽.
125. 여기서 언급되는 세 권의 책 이외의 저서인 《큐비즘 이후》와 잡지 《레스프리 누보》에는 기계와 건축을 포함한 예술의 새로운 관계에 대한 언급이 다수 포함되어 있다. 이와 관련된 연구로는 Gérard Cladel, *Le Corbusier et le défi machiniste*, in Le Corbusier, le passé à réaction poétique, Catalogue de l'exposition présentée à l'Hôtel de Sully, 1988, pp.179~185 이 있다.
126. A. Behne, *Der moderne Zweckbau*, Drei Masken Verlag, 1926; English translation by BLETTER, R. H., *The Modern Functional Building*, The Getty Research Institute for the History and Art and the Humanities, 1996, p.130.
127. 《장》, 126쪽.
128. 《장》, 143, 155쪽.
129. 《향》, 121, 138쪽.
130. 《향》, 126쪽.

131. 《향》, 137~138쪽.
132. 《장》, 126쪽.
133. 《프》, 244쪽.
134. 《프》, 105쪽.
135. 《프》, 142~143쪽.
136. 《장》, 200~203쪽.
137. 《향》, 116쪽.
138. 《장》, 126쪽.
139. Ivan Žakinć, *The Final Testament of Père Corbu*, Yale University Press, 1997, p.115.
140. K. Rowland, *The Development of Shape*, Ginn. 1964, pp.44~65 참조.
141. Otto Wagner, *Architecture moderne et autres écrits*, Mardaga, 1980, p.44, 48.
142. Le Corbusier, *Une Maison-un Palais*, Bottega d'Erasmo, 1976, p.147.
143. Le Corbusier, *Défence de l'architecture*, L'Architecture d'aujourd'hui, n°monographique sur Le Corbusier et Pierre Jeanneret, 1933, pp.43~44.
144. 1924년 하르트라우브G. F. Hartlaub가 언급한, 새로운 객관성이라는 뜻의 용어로 1925년 동일한 명칭의 전시회가 만하임Mannheim에서 개최됐다. 사회주의 냄새를 풍기는 새로운 사실주의로서 표현주의에서 배출구를 발견했던 희망의 시기 이후에 독일에서 팽배했던 당시의 체념과 냉소의 분위기와 유관하다. 물질적 기반 위에서 객관적으로 사물들을 취하려는 욕망의 한 결과다.
145. Le Corbusier, *Défence de l'architecture*, L'Architecture d'aujourd'hui, n°monographique sur Le Corbusier et Pierre Jeanneret, 1933, p.41.
146. 《장》, 134쪽.
147. 제1차 세계대전 말엽부터 유럽과 미국에서 조형예술, 문학, 음악에 이르기까지 전개된 허무주의 예술운동. 불어로 어린이들이 타는 목마를 뜻하는, 별 의미가 없음을 드러내는 다다dada라는 용어가 암시하듯이 다다이스트들은 모든 기존의 예술형식과 가치를 부정하고 비합리성, 반도덕, 비심미적인 것을 찬미했는데, 기괴하고 불합리하고 환상적

인 것에 몰두한 이러한 태도는 초현실주의surréalism 운동에서 열매를 맺었고 추상적 표현주의자들에게도 계승됐다.

148. M. Tafuri, 《건축의 이론과 역사》, 김일현 역, 동녘, 2009, 67쪽. 이탈리아 건축가이자 예술사가인 타푸리는 고전주의의 자연뿐만 아니라 계몽주의의 인간 숭배, 심지어 '이성'까지 대체한, 자본의 무자비한 논리에 의해 창출된 공업 생산품이 역설적으로 인간 중심주의의 신념을 파괴했다는 의미에서 공업 생산품을 새로운 (공업적) 자연이라고 했다.

149. 르코르뷔지에의 문다네움 계획안을 보고 Karel Teige가 1929년 체코 근대건축의 대변지인 *Stavba* 10호에 피력한 견해다. Bruno Reichlin, *"L'utile n'est pas le beau"* in Le Corbusier, une encyclopédie, Centre Georges Pompidou, 1987, p.369에서 재인용. 황금비 등 비례체계에 대한 르코르뷔지에의 연구는 이 책에서 다시 거론된다.

150. 우아한 고딕건축인 푸블리코 궁전을 중심으로 부채꼴 모양으로 펼쳐진 캄포광장Pizza Del Campo에서 7월 2일과 8월 16일 두 차례 시에나의 17개 콘트라다Contrade, 구역가 참가해 열리는 전통 축제다. 각각의 콘트라다를 대표하는 기수들은 지역을 상징하는 기수복을 입고 안장 없는 말에 올라 동정녀 마리아 상으로 장식된 팔리오 깃발을 차지하기 위해 광장을 전력질주로 돈다. 세계에서 몰려드는 관광객들은 전 주민의 일치된 준비와 응원으로 인한 열광의 도가니에 함께 빠져든다.

151. 미스 반 데어 로에의 국립갤러리 신관Neue Nationalgalerie, Berlin, 1965~68, 피아노Renzo Piano와 로저스Richard Rogers의 퐁피두센터Centre Pompidou, Paris, 1972~77나 누벨Jean Nouvel의 아랍문화원Institut du Monde Arabe, Paris, 1981~87, 포스터Norman Foster의 카레 다르Carré d'Art, Nimes, 1984~93 등의 사례는 이러한 건축가의 작업 성향을 명백히 증명한다.

152. 르코르뷔지에와 필립스관1958을 함께 설계하기도 한 크세나키스의 소리와 빛의 건축에 관한 연구는 이홍규 외 2인, 〈크세나키스의 소리와 빛의 건축에 관한 연구〉, 대한건축학회논문집, 제25권 제11호, 2009, 161~168쪽 참조.

153. 이관석, 《르코르뷔지에, 근대건축의 거장》, 살림, 2006, 81쪽.

154. "1925년의 장식예술박람회에서 장식된, 사람의 손으로 만든 장식적인 외관을 가진 물건들만 전시하라는 규정이 부과됐다. 나는 거부하였고 주거와 도시계획의 개혁을 표현하는 우리의 신정신관을 전시했다." G. Charbonnier, *Le monologue du peintre*, vol.2, Édition René Juillard, 1966.

155. 《프》, 104쪽.

156. Le Corbusier, *Almanach d'architecture moderne*, 1926.

157. 《프》, 105쪽.

158. Jean-Louis Cohen, *Le Corbusier, le Grand*, Phaidon, 2008, pp. 16~17.

159. André Wogensky, *Le Corbusier's Hand*, The MIT Press, 2006, p. 25.

160. Le Corbusier, 《학생들과의 대화》, 봉일범 역, MGH Architecture Books, 2001, 77쪽.

161. Alexander Tzonis, *Le Corbusier, The Poetics of Machine and Metaphor*, Universe, 2002, p. 174.

162. 《향》에서.

163. 《장》, 87~99쪽.

164. 《장》, 121~134쪽.

165. 《프》, 52-83쪽.

166. 서현, 〈건축개념으로서의 기능의 의미에 관한 연구〉, 대한건축학회논문집, 제25권 제6호, 2009, 143~150쪽.

167. 《프》, 87쪽.

168. 《프》, 251쪽.

169. 《향》, 8쪽. 이때 주택에 해당하는 불어 'maison'은 또한 건물이라는 뜻으로 넓게 쓰이기도 한다.

170. 《향》, 145~146쪽.

171. 《향》, 148쪽.

172. 고대 그리스 조각가, 화가, 건축가. 단순 명료하고 개인의 감정을 초월한 높은 정신성을 보여 주는 그의 신상들은 그를 고대 조각가들 중 최고의 위치를 점하게 한다. 그가 제

작한 올림피아의 제우스 신상은 고대의 7대 경이 중 하나로 꼽힌다. 아크로폴리스에서는 파르테논 신전 안에 아테나 여신상을, 아크로폴리스의 기념비적 입구에 해당하는 프로필레이아 사이에 또 하나의 거대한 아테나 여신 동상을, 파르테논 신전의 163m 길이 프리즈frieze: 고전건축에서 코니스와 아키트레이브 사이에 있는, 엔타블레이처의 중앙부분를 제작했다.

173. 《향》, 155쪽.
174. 《향》, 145쪽.
175. 《장》, 87쪽.
176. 《장》, 139쪽.
177. 《프》, 126~127쪽.
178. 처음에 5만 프랑 대출을 승인받았다가 20만 프랑으로 어렵게 증액되었지만 그는 이 모자란 돈으로 아무것도 할 수 없었다고 푸념했다. 《프》, 274~276쪽.
179. 《프》, 106~108쪽.
180. 《향》, 46쪽.
181. 《향》, 35쪽.
182. 《향》, 49쪽.
183. 《향》, 43쪽.
184. Ulrich Conrads, 《건축 선언문집》, 이현호 역, 기문당, 1986, 29~31쪽 참조.
185. Karl Gross, *Das Ornament 1912*, pp.62~64. Ch. Benton & D. Sharp, *Form and Function*, Crosby Lockwood Staples, 1975, pp.46~48에서 재인용.
186. 페레는 이외에도 건축에 장식이 필요 없으며 아름다운 비례에 집중할 필요가 있음에 동조하는 등 장식에 부정적이었다. A. Perret, *Le musée moderne*, Mouseoin, No 9, 1929, pp.225~235.
187. 《프》, 251쪽.
188. 이탈리아 건축가. 대표작인 로마의 제수성당은 바로크 교회건축에 큰 영향을 미쳤다. 저서로 3세기동안 주범에 관한 교재로 널리 쓰인 《건축에서 다섯 가지 주범의 법칙》

이 있다. 다섯 주범은 도리아식, 이오니아식, 코린트식, 토스카나식, 컴포지트식이다.
189. 건축의 주출입구가 있는 정면부.
190. 《장》, 11, 160쪽.
191. 《프》, 99쪽.
192. 《프》, 236쪽.
193. 《장》, 126쪽.
194. 《프》, 49쪽.
195. 《프》, 109쪽.
196. 《프》, 173쪽.
197. 《프》, 188~207쪽 ; 《도시계획》, 259~279쪽.
198. 《프》, 241쪽.
199. 《프》, 246쪽.
200. 《프》, 250쪽.
201. 《향》, 289쪽.
202. Robert & Michèle Root-Bernstein, 《생각의 탄생》, 박종성 역, 에코의 서재, 2007, 31쪽. 루트번스타인 부부는 그들의 저서 《생각의 탄생》에서 상상력과 직관을 통해 창조적 통찰을 얻은 많은 사람들의 사례를 통해 위대했던 '정신'들의 경험을 소개하면서 창조적 사고의 본질을 보여 준다. 과학, 예술, 인문학 그리고 공학기술 사이의 놀라운 연관성이 있음을 알려 주는 것이다.
203. 르코르뷔지에에 의해 주로 쓰이기 시작한 수법으로 기둥을 이용해 건물의 일부 또는 상당부분을 지면에서 띄워 들어올릴 때 들린 볼륨을 지탱하는, 땅에 닿은 채 외부로 노출된 기둥들을 필로티라 한다. 1층 지면이 벽으로 차단되지 않고 넓게 사용되기도 함으로써 일반 시민에게 교통의 편의도 더해 줘 도시계획의 난문제 해결에도 도움이 될 것으로 제안됐다.
204. 《프》, 63~64쪽.
205. 《프》, 148쪽.

206. Le Corbusier,《학생들과의 대화》, 봉일범 역, MGH Architecture Books, 2001, 74쪽.
207. 건축에서의 시·공간에 대해서는 필자의 선행연구인 이관석, 〈건축적 산책 개념으로 본 건축에서의 시·공간〉, 프랑스학 연구, 제19권, 2000에서도 기술된 바 있다.
208. G. Scott, *The Architecture of Humanism*, Copyrighted Material, 1999, p.168.
209. 김억중,《읽고 싶은 집, 살고 싶은 집》, 동녘, 2003, 16쪽.
210. Bruno Zevi,《공간으로서의 건축》, 최종현·정영수 공역, 세진사, 1983, 23쪽.
211. 주관적 체험으로서의 시간과 공간은 그 길이와 크기를 주관적, 상대적으로 인식한다는 의미로서 시·공간을 통해 체험되는 건축의 매력을 배가시켜 준다. 서도식은 자신의 글 〈증기기관차에서 KTX까지 : 시간체험과 공간 이동〉한국철학사상연구회, 179~197쪽에서 철학적 범주로서의 시간과 공간, 주관적 체험으로서의 시간과 공간 등을 논했다. 그는 이 글에서 가속의 현대성에 대해서도 언급하며 시·공간의 압축률이 상승하는 현대의 가속현상을, 시간과 공간의 함수 관계로서 심지어 숭배의 대상이 된 속도의 파시즘에 굴복한 상태인 오늘날의 시·공간 의식을 경계한다. 건축적 시·공간의 마당인 건물의 부동성이 다행스럽다.
212. 《프》, 158쪽.
213. ①이미 살펴본 '필로티pilotis', ②1층을 필로티로 띄워 생긴 면적 손실을 옥상에서 만회하여 일광욕을 즐기고 휴식장소로 활용하기 위한 '옥상테라스toit-terrasse', ③건물의 무게를 내력벽이 아닌 기둥이 감당함으로써 하중에서 자유로워진 내부 칸막이를 이용하여 연속적·가변적·개방적 공간을 가능케 한 '자유로운 평면plan libre', ④역시 파사드 면 뒤로 물러서 위치하여 하중을 받치는 기둥들 덕분에 내력벽이 아닌 파사드에서 많은 자연광을 유입시키고 파노라마적인 전경을 얻기 위한 '수평창fenêtre en longueur', ⑤수평창을 고안한 마찬가지 이유로 제안된 '자유로운 파사드façade libre' 개념을 말한다.
214. ①라로슈 주택처럼 필요에 따라 옆으로 볼륨을 붙여 나아가는, 미리 우세한 질서를 따르지 않고 각 기관이 옆으로 퍼져 다양한 형태를 만드는 비교적 쉽다고 여긴 유형, ②슈타인-드몬지 주택처럼 직육면체의 순수한 프리즘 안에 좋은 공간성을 확보하면서

기능을 충족시키는, 가장 어려우나 정신을 만족시킨다고 생각한 유형, ③카르타주 저택Villa Carthage, 1928처럼 돔이노 이론에 따라 기둥이 지지하는 슬래브 위에 자유롭게 내부공간을 구성하는, 가장 쉽다고 여긴 유형, ④사부아 주택처럼 앞의 세 유형이 종합된, 매우 관대하며 외부에서는 건축적 의도를 충족시키고 내부에서는 모든 기능적 요구를 충족시키는 것으로 생각한 유형으로 구분했다.

215. 《프》, 155쪽.
216. 1989년에 프랑스 도시계획·주거·교통성에 제출한 근대건축 공간에 대한 최종연구보고서, 116~145쪽. 시리아니는 건축적 산책을 '특권화된 시점들의 연속'으로 해석한다. 외부에서 입구를 거쳐 내부에 이르기까지 사용자가 거쳐야 할 주요 위치에서의 시점을 골라 투시도를 집중적으로 그려가면서 공간을 수정, 좋은 내부를 설정해 가는 자신의 설계방법론을 이 연구에 적용했다.
217. 《프》, 250쪽.
218. 《향》, 36쪽.
219. 《향》, 46쪽.
220. 《향》, 191쪽.
221. 《건축을 향하여》의 영문판에서도 역자가 두 단어의 차이를 분간하지 못하고 르코르뷔지에가 구별하여 쓴 볼륨이라는 용어를 여러 곳에서 매스로 오역했다. 한국어 번역판 중 불어 원본을 번역하지 않은 경우 동일한 오역이 다수 발견된다.
222. 《향》, 149쪽.
223. 1925년에 쓴 〈메이어 부인에게 드리는 편지Lettre à Madame Meyer〉에서, Le Corbusier & Pierre Jeanneret, *Oeuvre complète 1910-1929*, Les Éditions d'Architecture, 1927, p.91.
224. 《프》, 76쪽.
225. Laurent Beaudouin, *Pour une architecture lente*, Quintette, 2007, p.54. 보두앵은 건축이 단순히 자연의 겉모습을 모방하는 것을 피하기 위해 이렇게 실재로부터 숨겨진 부분과 화해한다고 여겼다. 이를 통해 건축이 유사한 것들로 가득 찬 세상으로부터 할 수 있는 데까지 벗어나고자 노력한다는 것이다.

226. 《향》, 148쪽.
227. A. Tzonis & L. Lefaivre, 《고전건축의 시학》, 조희철 역, 동녘, 2007, 15, 337쪽.
228. W. Tatarkiew, 《미학의 기본개념사》, 손효주 역, 미진사, 1980, 211~219쪽.
229. John Summerson, *The Classical Language of Architecture*, Thames & Hudson, 1980, pp.7~9.
230. Le Corbusier, 《도시계획》, 정성현 역, 동녘, 2003, 292쪽.
231. H.-R. Hitchcock와 P. Johnson 같은 이는 근대건축이 구조적 측면에서는 고딕을, 디자인의 측면에서는 고전주의를, 기능을 다루는 데서는 고딕과 고전주의 둘 다와 연관이 있다고 보았다. 1904년경에는 근대건축을 주로 고딕의 부활로 생각할 수 있었다고 하면서, 하지만 근대양식과 고딕의 관계는 시각적이라기보다는 이념적이었음을, 실행의 문제라기보다는 원리의 문제로 볼 것을 강조했다. 그러면서 디자인으로는 근대건축의 리더들이 고딕의 영감보다 그리스의 청정함을 목표로 했다는 것이다. H.-R. Hitchcock & P. Johnson, *The International Style*, W. W. Norton & Co., 1966, p.24.
232. 《장》, 234쪽.
233. 건축가면서 고대 로마의 비트루비우스, 르네상스 시대의 알베르티와 함께 역사상 3대 이론가 중 한 명으로 인정받는 비올레르뒥은 장식을 선호하는 19세기의 변질된 신고전주의에 대항했다. 형태를 창조하면서 구조적인 근거를 바탕으로 논리적이고 합당한 형태를 추구하는 구조적 합리주의자로서 근대건축가들의 새로운 조형원리를 제시했다.
234. 《향》, 49~50쪽.
235. 교회당에서 신랑부身廊部의 동쪽 부분으로, 성가대석과 성단소聖壇所를 포함한다.
236. 르코르뷔지에는 1920년에 "독일에서의 수직성의 조직적인 사용은 물리적 사물의 신비주의이며 독일 건축의 독"이라고 했으며(*l'Esprit Nouveau*, No 9, p.1017), 1935년에는 첨탑이 없이 여러 개의 수평띠를 지닌 파리 노트르담 대성당의 파사드에서 보이는 수평성을 프랑스 건축의 기조로 여겼다(*La Ville radieuse*, pp.127~134). 르코르뷔지에와 고딕건축의 관계에 대한 연구로는, Pierre Vaisse, *Le Corbusier and the Gothic*, in Le Corbusier before Le Corbusier, Yale University Press, 2002, pp.44~53 참조.

237. Le Corbusier,《학생들과의 대화》, 봉일범 역, MGH Architecture Books, 2001, 58쪽.
238. 유럽의 패권을 차지하기 위해 루이 14세가 일으킨 잦은 전쟁에서 부상당한 군인들을 위해 브뤼앙L. Bruant은 병원을 지었고1671~76, 망사르J. H. Mansart는 돔 성당을 건설했다1679~1706. 이 돔의 지하에는 나폴레옹 1세의 유해가 안치되어 있다.
239. 이탈리아에 유학하여 팔라디오의 영향을 받은 프랑스 신고전주의의 대표적인 건축가인 수플로Jacques-Germain Souflot, 1713~80가 설계한 생트쥬느비에브 성당으로 프랑스 혁명 후 판테온으로 개칭됐다.
240. 《프》, 195~196쪽.
241. 《프》, 67쪽.
242. Manfredo Tafuri,《건축의 이론과 역사》, 김일현 역, 동녘, 2009, 83~84쪽.
243. Le Corbusier,《학생들과의 대화》, 봉일범 역, MGH Architecture Books, 2001, 47~48쪽.
244. 《프》, 77쪽.
245. 《향》, 88쪽.
246. 서구가 르네상스까지 기하학적 세계관을 가지는 데 기여한 것은 그리스의 대표적 우주관인, 플라톤의 자연관과 우주관이 집약된 티마이오스Timaeus다. 티마이오스에서 우주를 구성하는 좋은 신demiourgos이 최초 도형eidos들과 수arithmos들로써 형태를 만들어 내는 과정은 세상을 가장 아름답고 훌륭하게 구성해 내는 질서부여diataxis 과정이 된다. Plato,《플라톤의 티마이오스》, 박종현·김영균 공역, 서광사, 2000, 35쪽과 류전희,〈고대 그리스 로마시기의 건축적 재현에서 자연적 원근법과 유클리드 광학〉, 대한건축학회논문집, 제25권 제1호, 2009, 201~208쪽 참조.
247. 《프》, 152쪽.
248. Ivan Žakinć, *The Final Testament of Père Corbu*, Yale University Press, 1997, p.119.
249. Le Corbusier, *Le Modulor*, L'Architecture d'aujourd'hui, 1983, p.36.
250. Ian Stewart,《자연의 수학적 본성》, 김동광·과학세대 공역, 두산동아, 1996, 1~50쪽 참조. 저자는 이 책에서 진리에 이르는 수학의 아름다움과 힘, 유용성에 대한 깊이 있

고 분명한 통찰을 보여 준다.

251. 프로 복서였던 안도는 24세 때의 유럽 첫 여행 중 항구도시 마르세유에서 타고 갈 배가 2주간 출발이 지연된 동안 할 일이 없어, 매일 르코르뷔지에가 설계한 위니테 다비타시옹으로 가서 스케치를 하면서 받은 감명으로 건축가의 꿈을 갖게 되었다. Tadao Ando, *Tadao Ando*, in CORBU VU PAR, Pierre Mardaga éditeur, 1987, p.106.

252. 이관석, 〈안도 타다오의 박물관에 나타나는 건축적 특성과 그 의미〉, 대한건축학회논문집, 제21권 11호, 2005, 55쪽 참조.

254. Tadao Ando, *Interview with Yoshio Futagawa*, in Tadao Ando, GA Document Extra 01, A.D.A. Edita, 1995, p.9.

254. 독일에서 태어나 예술교육을 받기 시작해 바우하우스의 학생에서 교수까지 되었으나 바우하우스의 폐교로 미국으로 건너가 예일 대학 등에 몸담아 추상화가, 색채 이론가, 디자이너로 활동하며 많은 출중한 제자들을 교육시킨, 20세기 예술 교육에 가장 큰 영향을 미친 인물이다. 그는 매우 엄격한 구성방식을 견지했는데, 일련의 '정방형 예찬' 시리즈는 캔버스 중심에 여러 크기의 평탄한 색면인 정방형들을 작은 것이 위에 오도록 겹쳐 색채의 상호관계를 연구한 것으로 유명하다.

255. 강민구·김진균, 〈안도 타다오 건축의 기하학을 통한 공간구성방식에 관한 연구〉, 대한건축학회 추계학술발표대회논문집, vol.21, No 2, 2001, 601쪽.

256. 《프》, 178쪽.

257. 《장》, 130~131쪽.

258. 《향》, 43쪽.

259. 《프》, 49쪽.

260. 《향》, 25, 161쪽.

261. 《향》, 161쪽.

262. 《프》, 152쪽.

263. 《장》, 151쪽.

264. 《향》, 155쪽.

265. "내가 글을 쓸 수 있었던 것은 기하학 덕분이다. 기하학은 인간의 사고능력을 이끌어 주는 놀라운 스승과 같다." Robert & Michèle Root-Bernstein, 《생각의 탄생》, 박종성 역, 에코의 서재, 2007, 413쪽과 424쪽에서 재인용.
266. 《향》, 125쪽.
267. 《향》, 23, 31쪽.
268. 《프》, 242쪽.
269. 《향》, 67~68쪽.
270. 《향》, 161쪽.
271. 《향》, 125쪽.
272. "조정선은 질서를 잘 인식하게 해 주는 섬세한 수학을 불러온다."《향》, 36, 91쪽.
273. "건물들과 기계들은 비례를 점점 더 중시하고, 볼륨과 재료의 유희로부터 생겨났으며, 숫자에 근거하기 때문에, 다시 말해 질서를 바탕으로 한 것이므로 그 가운데 많은 것은 진짜 예술품이다."《향》, 105쪽.
274. 어떤 양을 두 부분으로 나누었을 때 각 부분의 비가 가장 균형 있고 아름답게 느껴지는 비가 황금비이고, 이때에 두 비는 1:0.618이 된다. 이 황금비는 형태조화의 기본이 된다는 설로 비례의 미적법칙설의 하나다. 황금비는 a:b=(a+b):a에서 나오며, 이로부터 a/b=($\sqrt{5}$+1)/2=1.618가 산출되어 b:a=1:1.618 또는 0.618:1이 된다. 이 황금비는 고대 그리스 시대부터 쓰였고 1509년 파치오리F. Pacioli는 황금비를 신성한 비례, 곧 하늘이 준 것이라고 설파했다.
275. 많은 도시의 도시계획안을 실현시키지 못해 실망했던 르코르뷔지에는 인도 정부의 요청으로 찬디가르 주정부 건물과 도시의 설계를 의뢰받고 '아테네 헌장'의 원리를 따라 한 달도 안 걸려 축과 구성적 양상이 강조된 기념비적인 '카피톨Capitol 계획안'을 수립했다. 지침을 주고 주거용 건물과 기타 주변 건물을 피에르 장느레를 포함한 다른 건축가들에게 위임한 그는 법원청사1951~55, 사무국1952~58과 의사당1952~62에 집중하여 제2차 세계대전 이전 프랑스에서 수립되었던 건축적 아이디어들을 열대 지방의 지역 조건에 맞춰 능숙하고도 창의적으로 번안한 수작을 남겼다.

276. K.-P. Cast는 저서 *Le Corbusier, Paris-Chandigarh*, 2000, Birkhäuser에서 숍 저택에서 찬디가르까지의 평면 연구를 통해 비례 체계가 모든 계획안에 조직적으로 적용되었음을 보여 준다. 비례적 질서가 의도적이고 의식적으로 성취되었음을 확인시켜 준 것이다.
277. 《향》, 91쪽.
278. F. Passanti는 비올레르뒤의 *Tracé générateur de proportions*, 블랑Charles Blanc의 *Gramaire des arts du dessin*, 슈아지Auguste Choisy의 *Tracés régulateurs*, 티르슈August Thiersch의 *Proportionen in der Arckitektur* 같은 저서나 회버Fritz Hoeber의 박사논문, 페레와 베렌스의 설계사무실에서의 실무 등을 통해 르코르뷔지에가 조정선을 체득해 나아가는 과정을 설명하고 있다. Francesco Passanti, *Architecture: Proportion, Classicism and Other Issues*, in Le Corbusier before Le Corbusier, Yale University Press, 2002, pp.69~81 참조.
249. 기원전 6세기부터 기원전 5세기까지 페르시아를 지배했던 왕조가 아케메네스 Achaemenids다.
280. 《향》, 87~95쪽.
281. Ivan Žakinć, *The Final Testament of Père Corbu*, Yale University Press, 1997, p.115.
282. 《향》, 145쪽.
283. 《향》, 151~152쪽.
284. Le Corbusier,《도시계획》, 정성현 역, 동녘, 2003, 19쪽.
285. 위의 책, 34쪽.
286. 위의 책, 34~35쪽.
287. 시리아니의 미발표 글 〈근대건축의 교훈La Leçon d'Architecture Moderne〉에서1988. 그르노블 건축대학에서 행한 강연의 내용을 동료 건축가이자 이론가인 드비에Ch. Devillier가 정리했다.
288. 이관석,《빛을 따라 건축적 산책을 떠나다》, Spacetime, 2004, 126~127쪽 참조. 각 전시실로의 진입구와 불투명한 직각 모서리가 서로 대각선 방향에 위치하여 공간의 대각선적 확장을 유발시킨다. 이 공간적 확장은 네 전시실의 중앙부에서 각 전시실과 시

각적으로 교류되는 초상화실과 더불어 국제규격의 피겨스케이트장 넓이와 비슷한 1,800m²인 전시공간이 실제보다 더 넓게 보이게 하는 이유다.
289. 그는 세잔느의 그림에서도 동일한 특징을 발견했다. Le Corbusier, *Le Modulor*, L'Architecture d'aujourd'hui, 1983, p.26.
290. Le Corbusier,《도시계획》, 정성현 역, 동녘, 2003, 36~37쪽.
291. 《향》, 192쪽.
292. 《프》, 171쪽.
293. John Summerson, *The Classical Language of Architecture*, Thames & Hudson, 1980, p.112.
294. 《향》, 205~211쪽.
295. 《프》, 89~91쪽.
296. 《향》, 155쪽.
297. 《프》, 178쪽.
298. 《향》, 31, 35쪽.
299. 《향》, 116쪽.
300. 《장》, 129쪽.
301. 《장》, 130쪽.
302. 《향》, 68쪽.
303. 《프》, 239쪽.
304. 《프》, 229쪽.
305. 비례격자 및 비례자 등에 대한 상세한 설명은 여기서 생략한다. 르코르뷔지에의 저서 *Le Modulor*와 *Modulor 2*와 Dario Matteoni, *Modulor*, in Le Corbusier, une encyclopédie, Centre Georges Pompidou, 1987, pp.259~261 참조. 국내 관련연구로는 이한영의 두 논문 〈꼬르뷔제의 조화시스템인 모듈러 연구〉, 한국건축역사학회논문집, 제6권 제3호, 1997과 〈르 꼬르뷔제 모듈러의 적용 특성 조사 연구〉, 대한건축학회논문집, 제14권 제11호, 1998, 정진국의 논문인 〈'모뒬로르'의 측정 방식을 통해 본 르코르

306. Le Corbusier, *Le Modulor*, L'Architecture d'aujourd'hui, 1983, pp.58~59.
307. 임성훈·이동언, 〈Le Corbusier의 Modulor에 드러난 조화의 의미〉, 대한건축학회논문집, 제26권 제3호, 2010, 저자 미상의 (미발표) 논문, 〈공간적 비례와 조화, Le Corbusier의 Modulor를 중심으로〉 등이 있다.
308. 노래 전후에 연주되는 소악장이라는 뜻의 리토르넬로는 체계화된 것과 체계화되지 않은 것 사이를 탐구하는, 하나의 반복된 리듬으로서 체계화되지 않은 것 속에서 체계화된 것을 드러내는 시작점이다. 아무런 체계가 없는 카오스chaos 상태에서 뭔가를 드러내어 조화로운 상태인 코스모스cosmos를 이루는 것이다. 이것은 새의 지저귐으로 설명되는데, 땅과 공명하여 새의 영토를 표현하는 지저귐의 리듬이 생명에게 영역, 즉 공간을 선사하는 것과 같은 방식으로 땅과 공명하는 건축의 공간도 리토르넬로에서 시작된다고 보았다. G. Deleuze & F. Guattari,《천 개의 고원》, 김재인 역, 새물결, 2002, 11장.
309. 《장》, 237~238쪽.
310. 《프》, 151쪽.
311. 이러한 사례를 드러내는 나의 책《빛을 따라 건축적 산책을 떠나다》는 건축가 시리아니가 설계한 두 박물관에서 동선을 따라 전개되는 빛의 다양한 역할과 전시공간에서의 의미를 추적한 내용을 담고 있다. 가장 적합한 전시환경의 창출이 목적인 전시공간에서 건축적 의도의 지나친 개입으로 감상이 방해받을 소지를 없애기 위하여 건축이 '나서지 않으나 (엄연히) 존재하는' 수준 높은 건축을 탐구하는 과정은 건축의 또 다른 묘미를 맛보게 한다.
312. 미국의 근대건축을 연 건축가. 특히 로비 주택Robie House, Chicago, 1908으로 대표되는 일련의 대초원 주택Prairie House 연작에서 보인 유기적 건축은 미국 내는 물론이고 독일과 네덜란드를 중심으로 한 유럽 건축에도 영향을 미쳤다.
313. Alain Guiheux, *Frank O. Gehry, Projets en Europe*, album de l'esposition, Centre

Georges Pompidou, 1991, pp.5~6.

314. Panayotis A. Michelis,《건축미학》, 김진현 역, 까치글방, 2002, 20쪽.
315. Michel Ragon, *Histoire de l'architecture et de l'urbanisme moderne*, tome 2, Casterman, 1986, p.74.
316. Michael D. Levin, *The Modern Museum*, Dvir Publishing House, 1983, p.77.
317. 《향》, 183쪽.
318. 《향》, 190쪽.
319. 《향》, 194~195쪽.
320. 《프》, 92쪽.
321. 《향》, 170쪽.
322. 《프》, 92쪽.
323. 《향》, 191쪽.
324. Henri Ciriani, *Lumière de l'espace*, l'Architecture d'aujourd'hui, No 274, 1991, p.76.
325. 《프》, 56~57쪽.
326. 《프》, 67~68쪽.
327. 《프》, 72~73쪽.
328. 《프》, 33쪽.
329. 《장》, 216쪽.
330. 《장》, 220쪽.
331. 르코르뷔지에의 색채를 연구한 정진국은 〈흰색 도료 칠, 리폴린의 법〉에서 거론된 백색의 의미를 이렇게 정리했다. 정진국, 《르코르뷔지에가 선택한 최초의 색채들》, 공간사, 2001, 27쪽.
332. "나의 재료, 그것은 최우선적으로 빛이다." Richard Meier, *Entretien avec Jean Mas*, L'Architecture d'aujourd'hui, No 284, 1991, p.84.
333. Frank Stella, *Light is Life*, in Richard Meier, Taschen, 1995, p.8.
334. Richard Meier, *Richard Meier Architect*, Rizzoli, 1984, p.8.

335. 《향》, 37쪽.
336. 《향》, 35쪽.
337. 《향》, 185~186쪽.
338. 르코르뷔지에가 남긴 최후의 글인 *Mise au point*, 1965에서, Ivan Žaknić, *The Final Testament of Père Corbu*, Yale University Press, 1997, p.92 수록.
339. 《향》, 11쪽.
340. 《향》, 220쪽.
341. 《장》, 139쪽.
342. 《장》, 141쪽.
343. 《향》, 215쪽
344. 김억중, 〈문학과 건축〉, 《건축》, 제54권 제3호, 2010, 36쪽.
345. 《향》, 153쪽.
346. 《프》, 51쪽.
347. 《장》, 216쪽.
348. 《향》, 35쪽.
349. 《장》, 139쪽.
350. 《장》, 141쪽.
351. 《향》, 161쪽.
352. 《향》, 163, 185쪽.
353. 《향》, 36쪽.
354. 《향》, 23, 31쪽.
355. 《향》, 37쪽.
356. Le Corbusier, 《학생들과의 대화》, 봉일범 역, MGH Architecture Books, 2001, 83쪽.
357. Le Corbusier, *L'espace indicible*, L'Architecture d'aujourd'hui, No spécial Art, 1946, p.24.
358. Arnold Hauser, 《예술과 사회》, 한석종 역, 홍성사, 1981, 128쪽.
359. 《향》, 100~157쪽.

360. 《향》, 152~153쪽.
361. 《향》, 23, 31쪽.
362. 《향》, 170쪽.
363. 《향》, 71쪽.
364. 《프》, 86쪽.
365. 《향》, 108쪽. 그는 몸에 지니고 다니는 회중시계의 덮개를 장식하는 교육을 학교에서 3년이나 배웠으나 손목시계가 등장하며 더 이상 장식할 덮개가 필요 없어짐에 따라 무용한 장식이 거부되는 첫 번째 경험을 했다. Ivan Žaknić, *The Final Testament of Père Corbu*, Yale University Press, 1997, p.105.
366. 《향》, 49쪽.
367. 《향》, 149쪽.
368. 《향》, 117쪽 ; 《프》, 254쪽.
369. 《향》, 105쪽.
370. 《향》, 37쪽.
371. 《장》, 129쪽.
372. 《향》, 288쪽.
373. 《장》, 105쪽.
374. 《프》, 26쪽.
375. 《향》, 67쪽.
376. "주택은 욕조, 태양, 온수, 냉수, 자유로운 난방, 음식의 보존, 위생, 비례를 활용한 아름다움 등을 갖춘 살기 위한 기계다." (《향》, 114쪽).
377. 《향》, 152쪽.
378. 《프》, 152쪽.
379. 《향》, 169쪽.
380. 《프》, 66쪽.
381. 《프》, 26쪽.

382. 《장》, 133쪽.
383. "곧 산업은 개념에서의 우아함, 실행에서의 순수성, 그리고 작동에서의 효율성으로부터 제공된 즐거움으로 우리의 정신을 만족시키는, 완벽한 유용성과 편의성을 지닌 도구를 생산해 낼 것이다"(《장》, 101쪽).
384. 《장》, 123쪽.
385. 《프》, 99쪽.
386. 《향》, 125쪽.
387. Le Corbusier, 《학생들과의 대화》, 봉일범 역, MGH Architecture Books, 2001, 83쪽.
388. Le Corbusier, *Quand les cathédrales étaient blanches*, Plon, 1965, p.33.
389. 《향》, 161쪽.
390. 《향》, 191쪽.
391. 《향》, 185쪽.
392. 《향》, 24쪽.
393. 《향》, 187~189쪽.
394. 각주 169에서 언급된 바와 같이 불어 'maison'은 주택이라는 뜻으로 가장 많이 쓰이며 아울러 건물이라는 뜻으로도 사용된다. 여기서는 문맥에 따라 광의로 건물이라고 해석한다.
395. 《향》, 11쪽.
396. 《향》, 189~196쪽.
397. 《장》, 49~50쪽.
398. 《향》, 185쪽 ; 《장》, 205쪽.
399. 《장》, 51쪽.
400. "감성에 의해서 대상들은 우리에게 주어지며 감성만이 우리들에게 지각을 마련해 준다. 오성에 의해서 대상들은 사유되며 오성으로부터 개념이 성립한다." I. Kant의 《순수이성비판》, Stephan Körner, 《칸트의 비판철학》, 강영계 역, 서광사, 1991, 30쪽에서 재인용.

401. 《프》, 242쪽.
402. 《프》, 87쪽.
403. 《프》, 87쪽.
404. André Wogensky, *Le Corbusier's Hand*, The MIT Press, 2006, p.58.
405. Le Corbusier & Pierre Jeanneret, *Oeuvre complète vol.2 1929~1934*, Girsberger, 1935, p.24.
406. 보두앵이 인용한 말로 프랑스-스위스계 영화감독이자 제작자인 고다르Jean-Luc Godard, 1930~ 는 1960년대 프랑스 누벨바그Nouvelle Vague의 대표 주자로, 〈네 멋대로 해라〉라는 대표작을 남겼다. 새로운 파도라는 의미의 누벨바그는 이전의 프랑스 영화 사조와는 다른 새로운 시도로 영화를 만들었던 일군의 젊은 감독들의 등장에 따른, 1960년대 프랑스에서 발흥했던 영화의 한 사조를 일컫는다. 작가주의라는 공동의 사상으로 묶이고 실제적으로 그들의 사상에 입각한 영화를 직접 만들었던 1960년 초반의 영화감독들을 통칭한다.
407. Laurent Beaudouin, *Pour une architecture lente*, Quintette, 2007, p.123.
408. Platon, *Timée*, XVIII, 51, 52b, Budé, 1949. Panayotis A. Michelis, 《건축미학》, 김진현 역, 까치글방, 2002, 250~252쪽에서 재인용.
409. 이관석, 〈건축적 산책 개념으로 본 건축에서의 시·공간〉, 프랑스학연구, 제19권, 2000, 177쪽.
410. 보젠스키의 증언에 따르면 마르세유 위니테 다비타시옹 옥상에 있는 체육관 아치형 천장vault에 균열이 났을 때 르코르뷔지에가 보기 전에는 하자 보수를 금지한 지시에 따라 시공자는 그를 기다렸다고 한다. 보젠스키는 하자 발생이 자랑스럽지 않았지만 르코르뷔지에는 균열을 따라 아치형 천장에 난 생생한 자취를 기뻐했다. 시간이 흐름에 따라 균열이 계속 커져 할 수 없이 덧칠을 해야 했지만, 그 전에 균열을 따라 적색 페인트를 칠하고 그 진행을 한동안 살펴보는 르코르뷔지에는 진지했다. André Wogensky, *Le Corbusier's Hand*, The MIT Press, 2006, pp.76~77.
411. 르코르뷔지에의 곡선은 자유곡선이 아니다. 그의 회화에 나타나는 포도주 병이나 기

타 같이 기능과 유관하면서 규율이 내재된 곡선이다. 시리아니 같은 건축가이자 교육자는 이에 따라 건축을 공부하는 학생들에게 자와 컴퍼스를 이용하여 손으로 그릴 수 있는 곡선만 그리기를, 이 곡선이 직선과 접할 때는 반드시 수직으로 만나야 함을 요구했다. 마이어가 기능에 충실하면서도 유연한 그랜드피아노 곡선을 주로 썼음도 마찬가지 이유다.

412. 이관석, 〈안도 다다오의 박물관에 나타나는 건축적 특성과 그 의미〉, 대한건축학회논문집, 제21권 11호, 2005, 61쪽 참조.
413. 《향》, 211쪽.
414. 《향》, 210~220쪽.
415. 《향》, 153~154쪽.
416. 《향》, 213쪽.
417. 《향》, 218쪽.
418. 《향》, 145쪽.
419. 《향》, 123쪽.
420. Jacques Lucan, *Tout a commencé là…*, in Le Corbusier, une encyclopédie, Centre Georges Pompidou, 1987, pp.20~25.
421. 《벽난로》의 입방체는 상자나 어떤 대상물이 아니라 파르테논의 표상인 불가사의하면서 빛을 발하는 프리즘이며 슈타인-드몬지 주택의 입방체는 건축 형태의 본질로서 전체의 통일성이라는 목표 아래 운동감과 평형을 모색하는 프리즘이다.
422. 《향》, 207쪽.
423. 《향》, 208쪽.
424. 《향》, 214쪽.
425. Balkrishna Doshi, *Maître & Modèles*, in CORBU VU PAR, Pierre Mardaga Éditeur, 1987, p.73. 르코르뷔지에의 설계사무실에서 일했고 이후 오랜 기간 칸과 협업한 도시가 르코르뷔지에의 사망 소식을 접하고 파리를 들른 후 이미 비보를 알고 있던 칸을 3일 후 만났을 때 들은 탄식이다.

426. 칸도 "우리는 빛에서 태어났다. …… 자연광은 건축을 건축되게 하는 유일한 빛이다"라고 말하며 자연광을 중시했다. Ch. Devillers, *La lumière selon Kahn, l'Architecture d'aujourd'hui, 1991*, p.150.

427. 타푸리는 르코르뷔지에가 개혁자면서도 과거에 대해 공감하고 역사에 호감을 가졌다는 이유로 칸이 르코르뷔지에를 자신의 스승으로 인정했을지도 모른다고 말한다. Manfredo Tafuri, 《건축의 이론과 역사》, 김일현 역, 동녘, 2009, 84쪽.

428. Balkrishna Doshi, *Maître & Modèles*, in CORBU VU PAR, Pierre Mardaga Éditeur, 1987, p.73.

429. N. Pevsner, *Les sources de l'architecture moderne et du design*, La Connaissance s. a., 1970, pp.170~171에서 재인용.

430. Le Corbusier, 《학생들과의 대화》, 봉일범 역, MGH Architecture Books, 2001에서 Deborah Gans가 쓴 1999년판의 서문, 12~13쪽.

431. Jean-Louis Cohen, *Le Corbusier*, Taschen, 2004, pp.12~13. 그는 생전에 270여 개의 건축 계획안이 중 약 40% 완성과 65개의 도시계획 작품 외에도 400여 점의 유화, 7점의 벽화, 40여 점의 벽걸이, 50여 점의 조각품, 20여 점의 가구 작품과 50여 권의 책, 7권의 예술서적 및 신문과 잡지에 많은 기고문을 남겼다. 어느 건축 전문가들도 비견할 수 없는 왕성한 창작열을 보인 것이다.

432. 《향》, 149쪽.

사진출처

30, 31, 33쪽 *L'Architecture du XXe siècle*, P. Gössel, Taschen, 1991, p.82, 95, 92

32쪽 *L'Art Nouveau*, K. J. Sembach, Taschen, 1991, p.25

39쪽 *Bauhaus*, M. Droste, Taschen, 1990, p.76

44쪽 위 *Les Avant-Gardes*, G. Lista, S. Lemoine & A. Nakov, Hazan, p.101

44쪽 아래 *De Stijl et l'Architecture en France*, Pierre Mardaga éditeur, 1985, p.29

49, 55, 58, 62 왼쪽, 103, 115, 206, 210쪽 *Le Corbusier le Grand*, Phaidon, 2008, p.57, 34, 670, 596, 686, 178, 56, 98

53쪽 *Le Corbusier*, J.-L. Cohen, Taschen, p.9

54쪽 *Le Corbusier, Oeuvre complète 1910-29*, Artemis, p.17

62쪽 오른쪽 *Le Corbusier, une encyclopédie*, Centre Pompidou, p.367

74쪽 *Le Corbusier*, M. Besset, Skira, 1987, p.157, 167

86, 134~135, 209쪽 *Le Corbusier, le passé à réaction poétique*, Caisse nationale des Monuments historiques et des Sites, 1988, p.53, 61, 표지

101쪽 위 *Le Corbusier*, K. Frampton, Hazan, 1997, p.48

71 위, 101 아래, 132, 164쪽 *Le Temps de Le Corbusier*, M. Ragon, Hermé, p.89, 93, 57, 193

102, 150쪽 *Le Corbusier*, K. Frampton, Abrams, p.137, 139, 1.15

124쪽 아래 *De Stijl 1917-1931*, C.-P. Warncke, Taschen, 1991, p.142

137쪽 *Le Corbusier, Oeuvre complète volume3, 1934-38*, Artemis, 1964, p.158, 167

145쪽 *Ando Complete Works*, Ph. Jodidio, Taschen, 2004, p.136, 131

※이 책에 실린 그림 및 사진 중 지은이의 저작물이 아닌 것을 각 저작권자의 허가를 받고 사용하려 했으나 일부는 사용허가를 미처 받지 못했습니다. 도서출판동녘은 저작권자의 권리를 존중해, 출판 후에도 사용허가를 받기 위한 노력을 계속할 것임을 밝힙니다.

참고문헌

논문

강민구·김진균, 〈안도 타다오 건축의 기하학을 통한 공간구성방식에 관한 연구〉, 대한건축학회 추계학술발표대회논문집, vol.21, No 2, 2001

강태웅, 〈루이스 설리반과 아돌프 로스의 '기능'과 '장식'의 진의와 그 연관성에 대한 고찰〉, 건축역사연구, 제17권 제5호, 2008

김억중, 〈문학과 건축〉, 건축, 제54권 제3호, 2010

류전희, 〈고대 그리스 로마시기의 건축적 재현에서 자연적 원근법과 유클리드 광학〉, 대한건축학회논문집, 제25권 제1호, 2009

서현, 〈건축개념으로서의 기능의 의미에 관한 연구〉, 대한건축학회논문집, 제25권 제6호, 2009

이관석, 〈건축적 산책 개념으로 본 건축에서의 시·공간〉, 프랑스학연구, 제19권, 2000

이관석, 〈현대 박물관 건축에서 고전적 전시공간이 재현된 배경과 그 특성〉, 대한건축학회논문집, 제17권 제11호, 2001

이관석, 〈리처드 마이어의 박물관에 나타나는 건축적 특성과 그 의미〉, 대한건축학회논문집, 제20권 제6호, 2004

이관석, 〈안도 타다오의 박물관에 나타나는 건축적 특성과 그 의미〉, 대한건축학회논문집, 제21권 11호, 2005

이관석, 〈1920년대 르코르뷔지에 저서에 담긴 건축 정의〉, 대한건축학회논문집, 제24권 제9호, 2008

이한영, 〈꼬르뷔제의 조화시스템인 모듈러 연구〉, 한국건축역사학회논문집, 제6권 제3호,

1997

이한영,〈르 꼬르뷔제 모듈러의 적용 특성 조사 연구〉, 대한건축학회논문집, 제14권 제11호, 1998

이홍규·박진호·조영호,〈제나키스의 소리와 빛의 건축에 관한 연구〉, 대한건축학회논문집, 제25권 제11호, 2009

임성훈·이동언,〈Le Corbusier의 Modulor에 드러난 조화의 의미〉, 대한건축학회논문집, 제26권 제3호, 2010

정진국,〈'모뒬로르'의 측정 방식을 통해 본 르코르뷔지에의 시각의 역사에 관한 연구〉, 대한건축학회논문집, 제19권 제8호, 2003

정창호·정진국,〈아키텍톤의 발생과 의미〉, 대한건축학회논문집, 제13권 제10호, 1997

단행본

김억중,《읽고 싶은 집 살고 집은 집》, 동녘, 2003

이관석,《빛을 따라 건축적 산책을 떠나다》, Spacetime, 2004

이관석,《르코르뷔지에, 근대건축의 거장》, 살림, 2006

정진국,《르코르뷔지에가 선택한 최초의 색채들》, 공간사, 2001

정진국,〈르코르뷔지에가 남긴 다섯 가지 문제들〉, 임정의 건축사진집《르코르뷔지에를 보다》, 도서출판 대가, 2007

진중권,《미학 오디세이》1, 2, 3, 휴머니스트

탁석산,《철학 읽어주는 남자》, 명진출판, 2006

한국철학사상연구회,《철학, 문화를 읽다》, 동녘, 2009

CLEMENT, E., DEMONQUE, C, KAHN, P. & HASEN-LøVE, L.,《철학사전, 인물들과 개념들》, 이정우 역, 동녘, 1996

CONRADS, Ulrich,《건축 선언문집》, 이현호 역, 기문당, 1986

GUITON, Jacques,《건축과 도시계획에 관한 르 꼬르뷔제의 사상》, 이현식 역, 태림문화사, 2002

HAUSER, Arnold, 《예술과 사회》, 한석종 역, 홍성사, 1981
JENGER, Jean, 《르코르뷔지에, 인간을 위한 건축》, 김교신 역, 시공사, 1997
KERN, Stephen, 《시간과 공간의 문화사, 1880-1918》, 박성관 역, 휴머니스트, 2004
KÖRNER, Stephan, 《칸트의 비판철학》, 강영계 역, 서광사, 1991
LE CORBUSIER, 《아테네 헌장》, 이윤자 역, 기문당, 1995
LE CORBUSIER, 《학생들과의 대화》, 봉일범 역, MGH Architecture Books, 2001
LE CORBUSIER, 《건축을 향하여》, 이관석 역, 동녘, 2002
LE CORBUSIER, 《도시계획》, 정성현 역, 동녘, 2003
LE CORBUSIER, 《프레시지옹》, 정진국·이관석 공역, 동녘, 2004
LE CORBUSIER, 《오늘날의 장식예술》, 이관석 역, 동녘, 2007
LESNIKOWSKI, W. G., 《낭만주의와 합리주의 건축》, 박순관·이기민 공역, 도서출판공사, 1986
LOOS, Adolf, 《장식과 범죄》, 현미정 역, 소오건축, 2006
MICHELIS, Panayotis A., 《건축미학》, 김진현 역, 까치글방, 2002
MILLER, Geoffrey, 《연애, 생존기계가 아닌 연예기계로서의 인간》, 김명주 역, 동녘, 2004
NAKAMURA, Yoshifumi, 《주택순례》, 황용운·김종하 공역, Spacetime, 2004
PLATO, 《플라톤의 티마이오스》, 박종현·김영균 공역, 서광사, 2000
RAGON, Michel, 《예술, 무엇을 하기 위한 것인가》, 김현수 역, 미진사, 1991
ROOT-BERNSTEIN, Robert & Michèle, 《생각의 탄생》, 박종성 역, 에코의 서재, 2007
STEWART, Ian, 《자연의 수학적 본성》, 김동광·과학세대 공역, 두산동아, 1996
TAFURI, Manfredo, 《건축의 이론과 역사》, 김일현 역, 동녘, 2009
TATARKIEWICZ, W., 《미학의 기본개념사》, 손효주 역, 미진사, 1980
TZONIS, Alexander & LEFAIVRE, Liane, 《고전건축의 시학》, 조희철 역, 동녘, 2007
YUZURU, Tominaga, 《르코르뷔지에, 자연, 기하학 그리고 인간》, 김인산 역, 르네상스, 2005
ZEVI, Bruno, 《공간으로서의 건축》, 최종현·정영수 공역, 세진사, 1983

해외 문헌

ANDO, Tadao, *Tadao Ando*, in CORBU VU PAR, Pierre Mardaga éditeur, 1987

ANDO, Tadao, *Interview with Yoshio Futagawa*, in Tadao Ando, GA Document Extra 01, A.D.A. Edita, 1995

ANTONINI, Debora etc., *LE CORBUSIER, Le symbolique, le sacré, la spiritualité*, Fondation Le Corbusier & Éditions de la Villette, 2004

BENTON, Charlotte & SHARP, Dennis, *Form and Function*, Crosby Lockwood Staples, 1975

BANHAM, Reyner, *The Theory and Design in the First Machine Age*, Mit Press, 1960

BANHAM, Reyner, *Adolf Loos–Ornament and Crime*, in The Rationalists : theory and design in the modern movement", edited by Dennis Sharp, 1978

BEAUDOUIN, Laurent, *Pour une architecture lente*, Quintette, 2007

BEHNE, A., *The Modern Functional Building*, translated by BLETTER. R. H. The Getty Research Institute for the History and Art and the Humanities, 1996

BENEVOLO, Leonardo, *Histoire de l'architecture moderne* No 2, Dunod, 1988

BESSET, Maurice, *Le Corbusier*, Skira, 1987

BOIS, Y.-A., REICHEN, B., TROY, N., & RAYON, J.-P., *De Stijl et l'Architecture en France*, Pierre Mardaga éditeur, 1985

CAST, Klaus-Peter, *Le Corbusier, Paris-Chandigarh*, Birkhäuser, 2000

CHARBONNIER, Georges, *Le monologue du peintre*, vol.2, Édition René Juillard, 1966

CIRIANI, Henri, *Ma Modernité*, in Henri Ciriani, I.F.A. & Electa Moniteur, 1984

CIRIANI, Henri, *La Leçon d'Architecture Moderne*, 그르노블Grenoble 건축대학에서 강연한 미발표 원고, 1988

CIRIANI, Henri & VIÉ, Claude, *l'Espace de l'Architecture Moderne*, Rapport final de recherche présenté au Ministère de l'Urbanisme, du Logement et des Transports, 1989

CIRIANI, Henri, *Lumière de l'espace*, l'Architecture d'aujourd'hui, No 274, 1991

CIRIANI, Henri, *Tableau des clartés*, l'Architecture d'aujourd'hui, No 274, 1991

CLADEL, Gérard, *Le Corbusier et le défi machiniste*, in Le Corbusier, le passé à réaction poétique, Catalogue de l'exposition présentée à l'Hôtel de Sully, 1988

COHEN, Jean-Louis, *Le Corbusier et la Mystique de l'URSS*, Pierre Mardaga Éditeur, 1988

COHEN, Jean-Louis, *Le Corbusier*, Taschen, 2004

COHEN, Jean-Louis, *Le Corbusier, le Grand*, Phaidon, 2008

COLLINS, Peter, *Changing Ideals in Modern Architecture 1750-1950*, Faber & Faber, 1965

COLOMINA, B., *Architecture et Publicité*, in Le Corbusier, une encyclopédie, Centre Georges Pompidou, 1987

COURTIAU, C., *Pierre Jeanneret*, in Le Corbusier, une encyclopédie, Centre Georges Pompidou, 1987

CURTIS, William J. R., *Modern Architecture since 1900*, Phaidon, 1982

CURTIS, William J. R., *Le Corbusier: ideas and forms*, Phaidon, 1986

DEVILLERS, Christian, *La lumière selon Kahn*, l'Architecture d'aujourd'hui, 1991

DOSHI, Balkrishna, *Maître & Modèles*, in CORBU VU PAR, Pierre Mardaga Éditeur, 1987

DROSTE, Magdalena, *bauhaus, 1919-1933*, Taschen, 1990

DUBOŸ, Philippe, *Le Corbusier, Croquis de voyages et étude*, La Quinzaine, 2009

EIKSTEIN, Hans, *Normalisation, standardisation, construire pour le minimum vital*, in Le Werkbund, Editeur du Moniteur, 1981

FORTY, Adrian, *Words and Buildings: a vocabulary of modern architecture*, Thames & Hudson, 2004

FRAMPTON, Kenneth, *Modern Architecture: A Critical History*, Thames and Hudson Ltd., 1980

FRANK, Karen A. & SCHNEEKLOTH, Lynda H.(éd.), *ORDERING SPACE, Types in Architecture and Design*, Van Nostrand Reinhold, 1994

GIEDION, Sigfried, *Space, Time and Architecture*, Harvard, 1967

GUIHEUX, Alain, *Frank O. Gehry, Projets en Europe*, album de l'esposition, Centre Georges Pompidou, 1991

HERVÉ, Lucien, *Le Corbusier: l'artiste et l'écrivain*, Ed. du Griffon, 1970

HITCHCOCK, Henry-Russell & JOHNSON, Philip, *The International Style*, W. W. Norton & Co., 1966

HOHL, Reinhold, *Le Corbusier*, Editions beyeler bâle, 1971

HUMBLET, Claudine, *Le Bauhaus*, L'AGE D'HOMME, 1980

JENSEN, Robert & CONWAY, Patricia Conway, *Ornamentalism*, Clarkson N. Potter, Inc., New York, 1982

JOHNSON, Philip, *Mies van der Rohe*, The Museum of Modern Art, 1978

KOVTOUNE, Evgueni, *L'Avant garde russe dans les années 1920-1930*, Parkstone Aurora, 1996

LE CORBUSIER, *Le Purisme*, l'Esprit Nouveau, No 4, 1921

LE CORBUSIER & JEANNERET, Pierre, *Oeuvre complète 1910-1929*, Les Éditions d'Architecture, 1927

LE CORBUSIER, *Défence de l'architecture*, L'Architecture d'aujourd'hui, No monographique sur Le Corbusier et Pierre Jeanneret, 1933

LE CORBUSIER & JEANNERET, Pierre, *Oeuvre complète vol.2 1929-1934*, Girsberger, 1935

LE CORBUSIER, *L'espace indicible*, L'Architecture d'aujourd'hui, No spécial Art, 1946

LE CORBUSIER, *Purisme*, Art d'aujourd'hui, No 7~8, 1950

LE CORBUSIER, *Poème de l'angle droit*, Terriard, 1955

LE CORBUSIER, *Quand les cathédrales étaient blanches*, Plon, 1965

LE CORBUSIER, *Une Maison–un Palais*, Bottega d'Erasmo, 1976

LE CORBUSIER, *Le Modulor*, L'Architecture d'aujourd'hui, 1983

LEVIN, Michael D., *The Modern Museum*, Dvir Publishing House, 1983

LISTA, G., LEMOINE, S. & NAKOV, *A., Les Avant-Gardes*, Hazan, 1991

LUCAN, Jacques, *Tout a commencé là...*, in Le Corbusier, une encyclopédie, Centre Georges Pompidou, 1987

LUCIE-SMITH, Edward, *A History of Industrial Design*, Phaidon, 1983

MATTEONI, Dario, *Modulor*, in Le Corbusier, une encyclopédie, Centre Georges Pompidou, 1987

MEIER, Richard, *Richard Meier Architect*, Rizzoli, 1984

MEIER, Richard, *Entretien avec Jean Mas*, L'Architecture d'aujourd'hui, No 284, 1991

MONNIER, Gérard, *Influence du Bauhaus sur l'architecture contemporain*, C.I.E.R.E.C., 1976

MONNIER, Gérard, *L'Architecture en France, une histoire critique 1918-1950*, Philippe Sèrs Éditeur & Vilo Diffusion, 1990

MORAVANSZKY, Akos, *Europe Central: Les avant-garde, une reconnaissance critique*, in Le Corbusier, une encyclopédie, Centre Georges Pompidou, 1987

OZENFANT & JEANNERET, *Après le Cubisme*, éditions des Commentaires, 1918

PASSANTI, Francesco, *Architecture: Proportion, Classicism and Other Issues*, in Le Corbusier before Le Corbusier, Yale University Press, 2002

PERRET, August, *Le musée moderne*, Mouseoin, No 9, 1929

PETIT, Jean, *Le Corbusier lui-même*, Editions Rousseau, 1970

PEVSNER, Nikolaus, *Pioneers of Modern Design*, Peinguin Books, 1960

PEVSNER, Nikolaus, *Les sources de l'architecture moderne et du design*, La Connaissance s. a., 1970

POSENER, Julius, *Entre l'art et l'industrie de Deutscher Werkbund*, in Le Werkbund, Éditions du Moniteur, 1981

PRÉLERENZO, Claude (éd.), *Le Corbusier: Ecritures*, Fondation Le Corbusier, 1993

RAGON, Michel, *Histoire de l'architecture et de l'urbanisme moderne*, tome 2, Casterman, 1986

REICHLIN, Bruno, *"L'utile n'est pas le beau"* in Le Corbusier, une encyclopédie, Centre Georges Pompidou, 1987

ROWLAND, K., *The Development of Shape*, Ginn., 1964

SADDY, Pierre(réd.), *Le Corbusier, le passé à réaction poétique*, Caisse nationale des monuments historiques et des sites, 1988

SCOTT, Geoffrey, *The Architecture of Humanism*, Copyrighted Material, 1999

SEMBACH, Klaus Jürgen, *L'Art Nouveau*, Taschen, 1991

STELLA, Frank, *Light is Life*, in Richard Meier, Taschen, 1995

SUMMERSON, John, *The Classical Language of Architecture*, Thames & Hudson, 1980

TZONIS, Alexander, *Le Corbusier, The Poetics of Machine and Metaphor*, Universe, 2002

VAISSE, Pierre, *Le Corbusier and the Gothic*, in Le Corbusier before Le Corbusier, Yale University Press, 2002

VALLIER, Dora, *L'Art Abstrait*, Librairie Général Française, 1980

VON MOOS, Stanislaus, *Voyages en Zigzag*, in Le Corbusier before Le Corbusier, Yale University Press, 2002

WAGNER, Otto, *Architecture moderne et autres écrits*, Mardaga, 1980

WARNCKE, Garsten-Peter, *De Stijl 1917-1931*, Taschen, 1991

WISEMENT, Carter, *The real importance of Adolf Loos*, in Architectural Record, sep., 1982

WOGENSKY, André, *Le Corbusier's Hand*, The MIT Press, 2006

Žakinć, Ivan, *The Final Testament of Père Corbu*, Yale University Press, 1997